Inhaltsverzeichnis

Dieses Heft gehört:

Klasse:

Terme umformen und vereinfachen

▶ Grundwissen

- In Summen und Differenzen dürfen gleichartige Terme zusammengefasst werden.
- Ein Produkt aus gleichen Faktoren kann als Potenz geschrieben werden.
- Faktoren darf man vertauschen und ggf. zusammenfassen.

Beispiele:

$3a + a - 2a + 5ab - 2ab - 5b =$ ______ $+ 3ab - 5b$

$a \cdot a = a^2$ $\quad 2a \cdot a \cdot a = 2 \cdot a \cdot a \cdot a =$ ______

$4a \cdot a \cdot 3ab \cdot 5c = 4 \cdot 3 \cdot 5 \cdot a \cdot a \cdot a \cdot b \cdot c = 60$ ______

▶ Auftrag: Ergänze die Beispiele.

Trainieren

1 Vereinfache die Summen.

a) $a + a + a + a + b + a + a =$ ____________

b) $a + a + a + a - b - a - a =$ ____________

c) $a + b + a + a + b + a + c =$ ____________

d) $12a + 7c - 7b - b + 2b - 5a + 3c =$ ____________

e) $a + b + b + ab + ab + ab =$ ____________

f) $6ac + 12ab - 2ab + 2ab - ac =$ ____________

g) $a + 5a + 6a^3 + 3a^2 + 2a^3 + a^2 =$ ____________

h) $a - 11a^2 + 6a^5 + 3a^2 + 2a^3 - 7a^2 =$ ____________

2 Ergänze die Additionsmauern.

a)

	$11a$		
a	a	$3a$	$-2a$

b)

	$7a+2b$		
a	b	$2a$	$-b$

c)

	$6a+3ab+3b^2$		
$5ab$	b^2	$2a$	$-2ab$

3 Vereinfache die Produkte.

a) $x \cdot x \cdot x \cdot x =$ ____________

b) $x \cdot x \cdot x \cdot x \cdot x \cdot x =$ ____________

c) $7 \cdot x \cdot x \cdot x \cdot x \cdot x \cdot x =$ ____________

d) $x \cdot x \cdot x \cdot 2x \cdot x \cdot 4x =$ ____________

e) $2x \cdot 2x \cdot 2x \cdot 2x =$ ____________

f) $5 \cdot x \cdot x \cdot x \cdot y \cdot y =$ ____________

g) $2 \cdot x \cdot y \cdot x \cdot z \cdot y \cdot 4 =$ ____________

h) $xy \cdot x^2 \cdot z \cdot 2y^3 \cdot 9 \cdot z =$ ____________

4 Ergänze die Multiplikationsmauern.

a)

	$1000x^3$		
x	5	2	x^2

b)

	$250x^5$		
$2x$	x	5	x

c)

	$500x^5y^4$		
$4x$	x	$5y$	xy

5 Die Figuren wurden aus gleich langen Stäben gelegt.

①

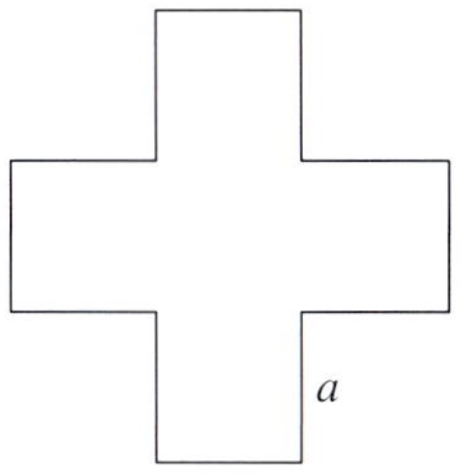

②

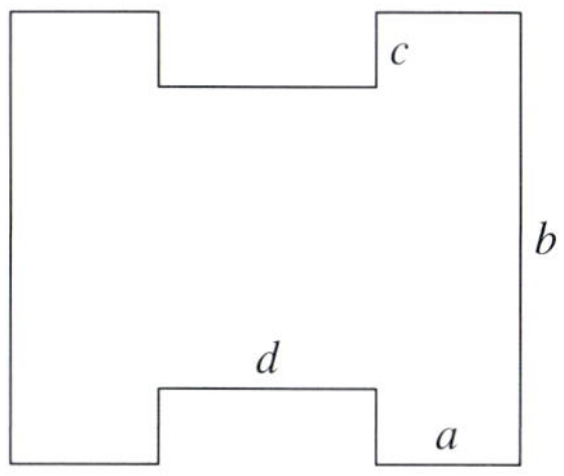

a) Markiere gleich lange Stäbe mit der gleichen Farbe.

b) Umfang und Flächeninhalt der Figuren sind gesucht.
Schreibe hinter jeden Term die Nummer der passenden Figur.
Zusatzaufgabe: Erkläre, wie durch Umformen Terme ineinander überführt werden können.

Umfang:

$1\,\text{cm} + 1\,\text{cm} + 1\,\text{cm} + 1\,\text{cm} + 1\,\text{cm} + 1\,\text{cm} + 1\,\text{cm} + 1\,\text{cm} + 1\,\text{cm} + 1\,\text{cm} + 1\,\text{cm} + 1\,\text{cm}$

$4 \cdot 1\,\text{cm} + 8 \cdot 1\,\text{cm}$

$b + a + c + d + c + a + b + a + c + d + c + a$

$4 \cdot a + 2 \cdot b + 4 \cdot c + 2 \cdot d$

$a + a + a + a + a + a + a + a + a + a + a + a$

$4 \cdot 1\,\text{cm} + 2 \cdot 3\,\text{cm} + 4 \cdot 0{,}5\,\text{cm} + 2 \cdot 1{,}5\,\text{cm}$

$12 \cdot a$

Flächeninhalt:

$1\,\text{cm} \cdot 1\,\text{cm} + 1\,\text{cm} \cdot 1\,\text{cm} + 1\,\text{cm} \cdot 1\,\text{cm} + 1\,\text{cm} \cdot 1\,\text{cm} + 1\,\text{cm} \cdot 1\,\text{cm}$

$5 \cdot 1\,\text{cm}^2$

$2 \cdot 1\,\text{cm} \cdot 3\,\text{cm} + 1{,}5\,\text{cm} \cdot 2\,\text{cm}$

$a^2 + a^2 + 3a^2$

$5 \cdot a^2$

$a \cdot a + a \cdot a + a \cdot a + a \cdot a + a \cdot a$

Anwenden und Vernetzen

6 Gib jeweils zuerst die Länge der Begrenzungslinien und die Größe der gelben Fläche mit einer Summe an.
Ermittle danach die Größen für $a = 1\,\text{cm}$; $b = 2\,\text{cm}$; $c = 1{,}5\,\text{cm}$; $d = 4{,}5\,\text{cm}$; $e = 0{,}5\,\text{cm}$; $f = 3{,}5\,\text{cm}$ und $g = 2{,}5\,\text{cm}$.

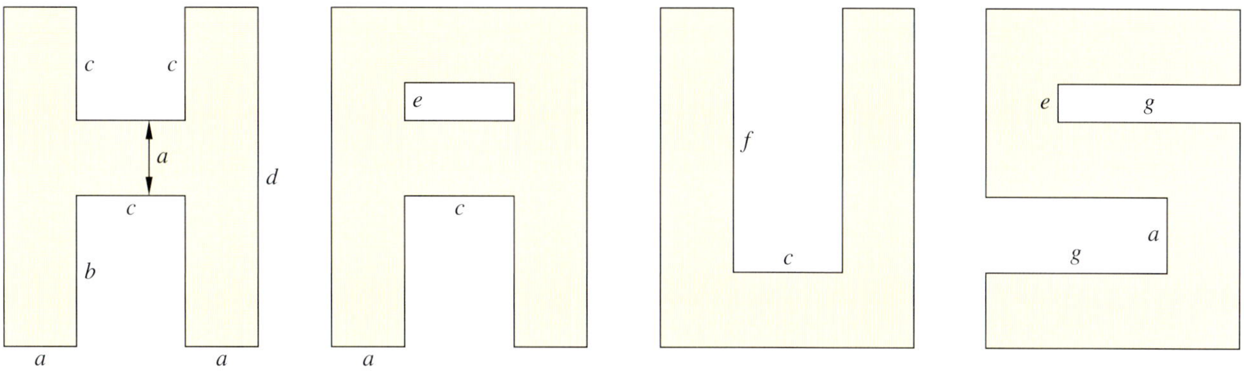

Begrenzungslinien: ____________________

Flächeninhalt: ____________________

Begrenzungslinien: ____________________

Flächeninhalt: ____________________

Begrenzungslinien: ____________________

Flächeninhalt: ____________________

Begrenzungslinien: ____________________

Flächeninhalt: ____________________

Terme mit Klammern

▶ Grundwissen

Verteilungsgesetz (Distributivgesetz): Man kann eine Zahl mit einer Summe multiplizieren, indem man diese Zahl mit jedem Summanden multipliziert und die Produkte addiert. Das nennt man ausmultiplizieren. Dieses Gesetz kann auch in umgekehrter Richtung angewandt werden. Das nennt man ausklammern.

Verteilungsgesetz: $a \cdot (b + c) = a \cdot b + a \cdot c$
(Ausmultiplizieren)

Umkehrung: $a \cdot b + a \cdot c = a \cdot (b + c)$
(Ausklammern)

Beispiele:

$2 \cdot (10 + 7) =$ ____________ $2 \cdot 10 + 2 \cdot 7 =$ ____________

$-2 \cdot (b + c) =$ ____________ $-2b - 2c =$ ____________

$(b + c) \cdot 2x =$ ____________ $2bx + 2cx =$ ____________

▶ Auftrag: Vervollständige die Beispiele.

Trainieren

1 Setze „=“ bzw. „≠“ ein und unterstreiche gegebenenfalls im rechten Term den Fehler.

a) $2 \cdot (6+4)$ □ $2 \cdot 6 + 2 \cdot 4$ **b)** $k \cdot (6+4)$ □ $4k + 6k$ **c)** $2k - 8sk$ □ $2k(1-4s)$ **d)** $3x - 2sx$ □ $\frac{1}{2}x(6-4s)$

e) $2a + 5b$ □ $2 \cdot (a-b)$ **f)** $-2k \cdot (3+4)$ □ $-6k + 8k$ **g)** $2sk - 4s$ □ $2sk(1-4)$ **h)** $-\frac{1}{2}y(-6-s)$ □ $3y + \frac{1}{2}sy$

2 Setze wie im Beispiel bei Teilaufgabe **a** in beiden Termen für jede Variable eine andere Zahl ein. Prüfe, ob die Ergebnisse gleich sind.

a) $a \cdot (2b - c)$ □ $2ab - ac$

$1 \cdot (2 \cdot 2 - 5) = 2 \cdot 1 \cdot 2 - 1 \cdot 5$

$-1 = -1$

b) $3x \cdot (6y + 4z)$ □ $12xy + 6xz$

____

____

c) $2ml - 8mn$ □ $2m(2l - 4m)$

____

____

d) $0{,}3xy - 0{,}2x$ □ $\frac{1}{10}x(3y - 2)$

____

____

3 Löse die Klammern auf.

a) $5 \cdot (3x + 4) =$ ____________ **b)** $-20(4a + 4b - 3c) =$ ____________

c) $\frac{1}{3} \cdot (9a - 3b + 300) =$ ____________ **d)** $(12z - 1) \cdot 5xy =$ ____________

e) $-0{,}5h(h - 2f + 4h^2) =$ ____________ **f)** $-0{,}2st(8u - 7st) =$ ____________

4 Ergänze den Faktor.

a) $72 - 45k =$ ______ $\cdot (8 - 5k)$ **b)** $3y^2 + 3y =$ ______ $\cdot (y + 1)$

c) $-36v + 24v^2 =$ ______ $\cdot (3 - 2v)$ **d)** $56a^2b + 112a^3 =$ ______ $\cdot (b + 2a)$

e) $0{,}25p^2q^3 - 0{,}75p^3 =$ ______ $\cdot (q^3 - 3p)$ **f)** $2x^2yz - 8xy^2z + 6xyz^2 =$ ______ $\cdot (x - 4y + 3z)$

5 Finde Terme, die durch Ausmultiplizieren bzw. Ausklammern ineinander überführt werden können.
Markiere sie mit der gleichen Farbe.
Hinweis: Du benötigst drei Farben.

$3x^2 + 12xy - 36xyz$	$3(x^2 - 4xy + 12xyz)$
$3x(x + 4y - 12yz)$	$xy(3x + 12 - 36z)$
$3(x^2 + 4xy - 12xyz)$	$x(3x + 12y - 36yz)$
$3x^2 - 12xy + 36xyz$	$(3x^2y + 12xy - 36xyz)$
$(0{,}25x + y - 3yz) \cdot 12x$	$-(-3x^2 - 12xy + 36xyz)$

6 Klammere einen möglichst großen gemeinsamen Faktor aus.

a) $22x - 22y + 22z =$ ____________
b) $22ax - 22ay + 22az =$ ____________
c) $22x - 33y + 44z =$ ____________
d) $12bx - 18by + 30bz =$ ____________
e) $32rst - 48stw + 8st =$ ____________
f) $-48ab - 12ca - 36az =$ ____________
g) $-y^3 - y =$ ____________
h) $-1{,}2v^2 - 1{,}8v^4 + 7{,}2uv^2 =$ ____________

Anwenden und Vernetzen

7 Kreuze jeweils alle Terme an, mit denen man den Oberflächeninhalt des Körpers berechnen kann.

a) Würfelnetz

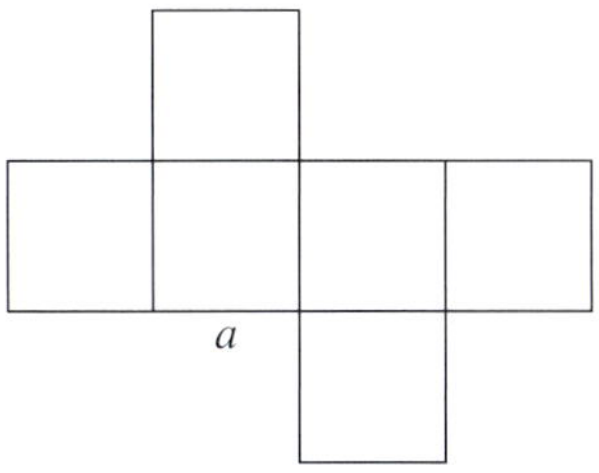

☐ $6a^2$
☐ $4a^2 + 2a^2$
☐ $3(a^2 + a^2)$
☐ $6 + (a \cdot a)$
☐ $a \cdot (a + a + a + a + a + a)$
☐ $6 - (a \cdot a)$
☐ $6(a^2 + a^2 + a^2 + a^2 + a^2 + a^2)$

b) Quadernetz

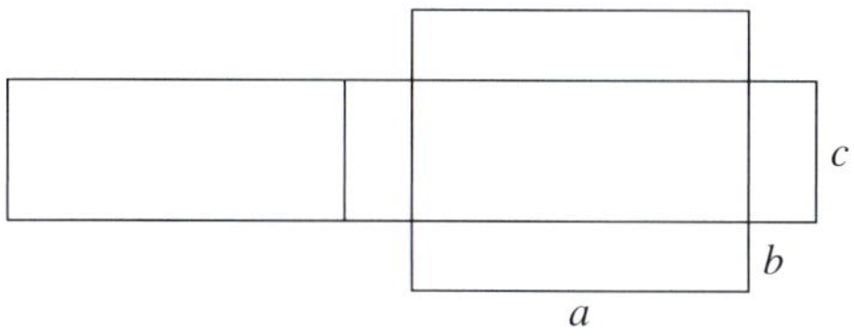

☐ $2(a^2 + b^2 + c^2)$
☐ $(a + b + a + b) \cdot c + 2ab$
☐ $(2a + 2b) \cdot c + 2ab$
☐ $2a \cdot b + 2b \cdot c + 2a \cdot c$
☐ $(a \cdot b + b \cdot c + a \cdot c) \cdot 2$
☐ $a \cdot b + b \cdot c + a \cdot c + a \cdot b + a \cdot b + a \cdot b$
☐ $a \cdot b + b \cdot c + a \cdot c + a \cdot b + b \cdot c + a \cdot c$

8 Schreibe zuerst zwei Terme zur Berechnung des Volumens des Körpers auf.
Berechne danach das Volumen für $a = 2\,\text{cm}$ mit deinen beiden Termen.

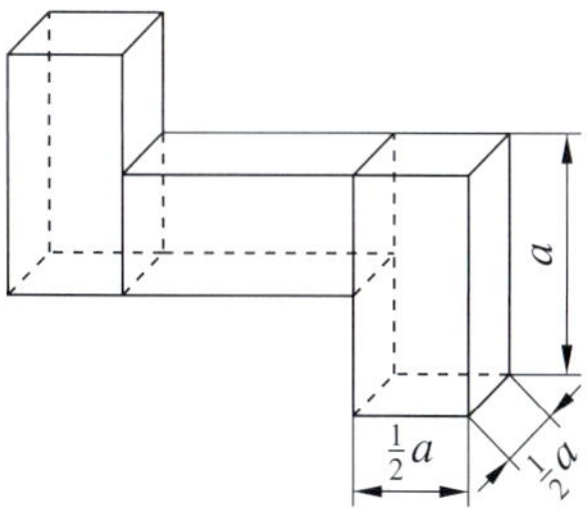

____

____

Produkte von Summen

▶ Grundwissen

Beim Multiplizieren zweier Summen wird jeder Summand der ersten Klammer (Summe) mit jedem Summanden der zweiten Klammer (Summe) multipliziert.
Die dabei entstehenden Produkte werden addiert.

Beispiel: $(a + b) \cdot (c + d) = a \cdot c + a \cdot d + b \cdot c + b \cdot d$

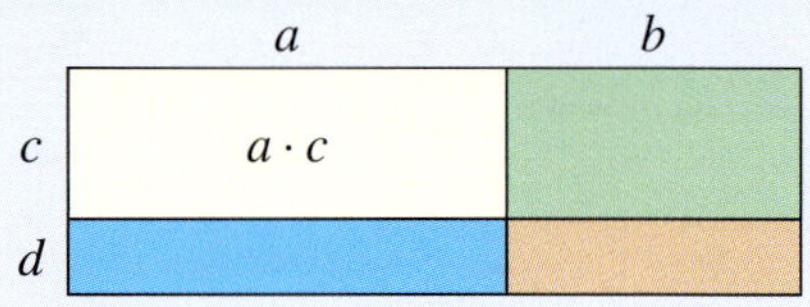

▶ Auftrag: Schreibe die Produkte in die entsprechenden Rechtecke.

Trainieren

1 Gib jeweils zur Berechnung des Flächeninhalts einen Term mit Klammern und einen Term ohne Klammern an. Schreibe die Produkte in die entsprechenden Rechtecke.

a)

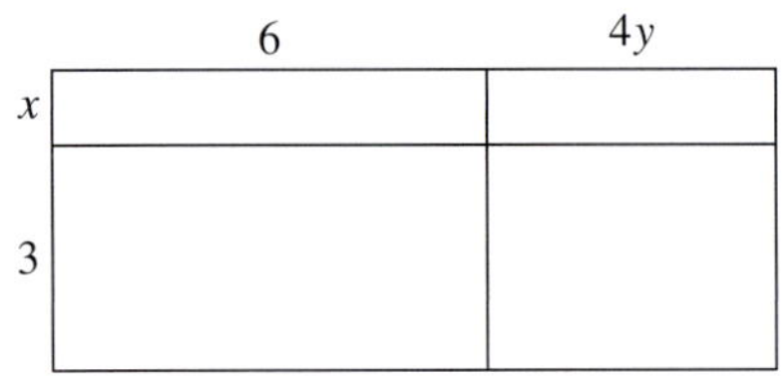

b)

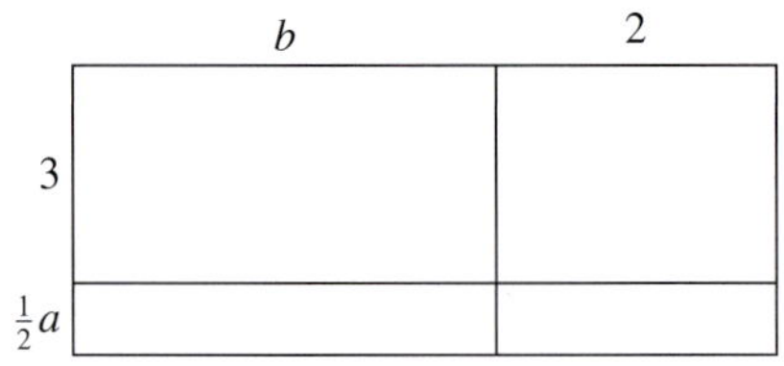

c)

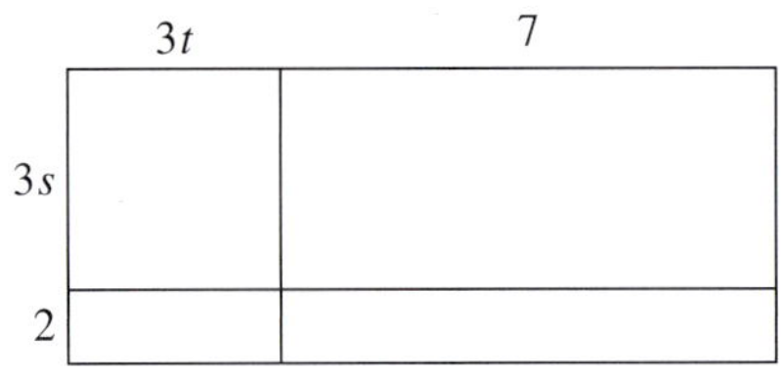

d)

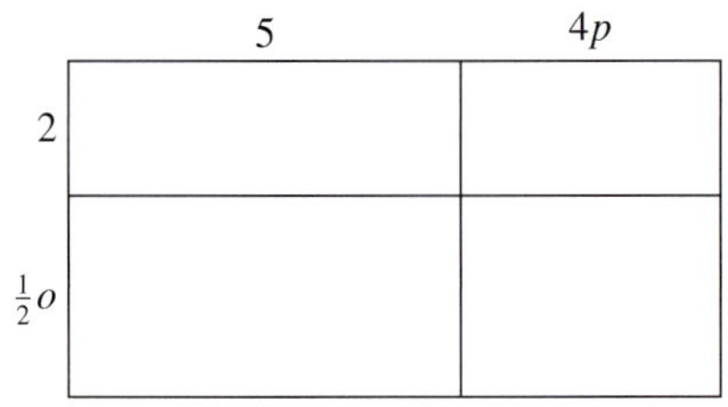

2 Setze „+“ und „–“ so ein, dass wahre Aussagen entstehen.

a) $(10 - 1) \cdot (6 + 2m) = 60$ ☐ $20m$ ☐ $6l$ ☐ $2lm$

b) $(-5s + 3) \cdot (4 + 5t) = -20s$ ☐ $25st$ ☐ 12 ☐ $15t$

c) $(6$ ☐ $h) \cdot (11 - 2g) = 66$ ☐ $12g - 11h$ ☐ $2gh$

d) $(-2h$ ☐ $8) \cdot (9$ ☐ $5f) = -18h - 10hf - 72$ ☐ $40f$

e) $(2$ ☐ $a) \cdot (3$ ☐ $b) = 6 - 2b$ ☐ $3a - ab$

Rechenzeichen zum Abstreichen:

+	+	+
+	+	+
+	–	–
–	–	–
–	–	–

3 Markiere zueinander passende Terme mit der gleichen Farbe.

$(7a + 5b) \cdot (0{,}5a - 7)$	$49a - 35ab - 2{,}5b + 3{,}5$	$(-7 + 0{,}5a) \cdot (7a - 5b)$
$(0{,}5a + 5b) \cdot (7a - 7)$	$3{,}5a^2 - 49a + 2{,}5ab - 35b$	$3{,}5a^2 + 35ab - 3{,}5a - 35b$
$3{,}5a^2 + 35ab + 35b + 3{,}5a$	$(7 - 5b) \cdot (7a + 0{,}5)$	$(0{,}5a + 5b) \cdot (7a + 7)$

4 Multipliziere.

a) $(1+h)\cdot(5+e)=$ ____________
b) $(a+h)\cdot(5+a)=$ ____________
c) $(2+b)\cdot(5-g)=$ ____________
d) $(-h-7)\cdot(4+f)=$ ____________
e) $(9-z)\cdot(3-2y)=$ ____________
f) $(-1-2h)\cdot(-5h-e)=$ ____________
g) $(3d+7s)\cdot(8-6s)=$ ____________
h) $(-5k-4l)\cdot(-5o-3n)=$ ____________
i) $(0{,}2-a)\cdot(4-0{,}1\,a)=$ ____________
j) $(0{,}6-3\,b)\cdot(0{,}5-3\,b)=$ ____________
k) $\left(\frac{1}{4}l+\frac{1}{2}\right)\cdot\left(\frac{1}{2}l-\frac{3}{4}\right)=$ ____________
l) $\left(\frac{2}{5}-i\right)\cdot\left(\frac{1}{3}+i\right)=$ ____________

5 Welche Terme wurden vermutlich miteinander multipliziert?

a) $(\square+\square)\cdot(\square+\square)=7a+ac+7b+bc$
b) $(\square+\square)\cdot(\square+\square)=36+12b+3a+ab$
c) $(\square+\square)\cdot(\square-\square)=10-2c+5b-bc$
d) $(\square-\square)\cdot(\square+\square)=32a+8ab-28-7b$
e) $(\square-\square)\cdot(\square-\square)=9ab-18a^2-b^2+2ab$
f) $(\square-\square)\cdot(\square-\square)=9ac+ae+18bc+2be$
g) $(\square+\square)\cdot(\square-\square)=36a-54ab+16b-24b^2$
h) $(\square-\square)\cdot(\square-\square)=30ab+30a^2+8bc+8ac$

Terme zum Abstreichen:

2	3	4
4	5	7
7	12	
a	a	$-a$
b	b	b
b	b	b
c	c	e
$2a$	$2a$	$8a$
$9a$	$9a$	$-15a$
$2b$	$-2b$	$4b$
$6b$	$4c$	$-9c$

Anwenden und Vernetzen

6 Bewerte zuerst die Vorschläge zur Berechnung des Flächeninhaltes des Bildes.
Erkläre danach, wie man auf die richtig aufgestellten Terme kommen kann.
Zusatzaufgabe: Ermittle weitere passende Terme.

Saskia: $(a-2x)\cdot(b-2x)$ ____________

Larissa: $ab-((a-x)\cdot(b-x))$ ____________

Clemens: $ab-(2xb+2x\cdot(a-2x))$ ____________

Tom: $(a+x)\cdot(b-x)$ ____________

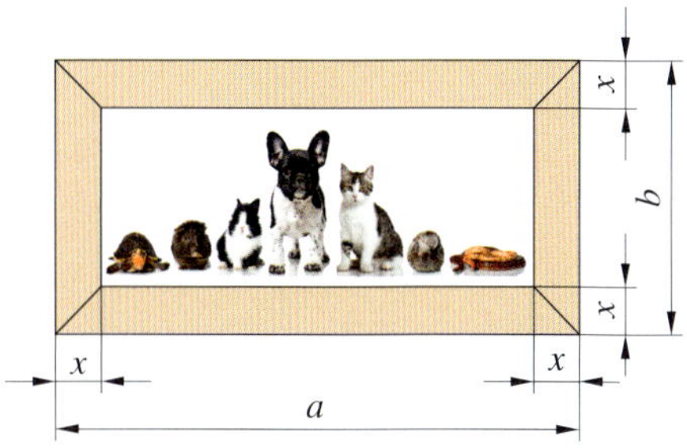

____
____
____
____
____
____

Gleichungen aufstellen und lösen

▶ Grundwissen

Gleichungen können durch Äquivalenzumformungen gelöst werden.
Man darf auf beiden Seiten
- den gleichen Term subtrahieren,
- den gleichen Term addieren,
- durch den gleichen Term ($\neq 0$) dividieren,
- mit dem gleichen Term ($\neq 0$) multiplizieren.

Beispiel:

$5x - 6 = 10 + 3x$ | ____

$2x - 6 = 10$ | ____

$2x = 16$ | ____

$x = 8$ Lösung: 8

▶ **Auftrag:** Ergänze die Äquivalenzumformungen.

Trainieren

1 Wie viele ◯ sind so schwer wie ein ☒?
Veranschauliche die Lösungsschritte und schreibe passende Gleichungen auf.

a)

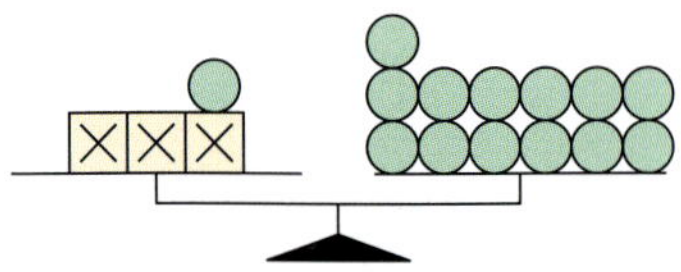

$3x + 1 = 13$ | -1

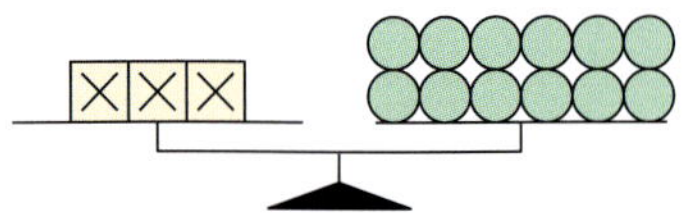

____ = ____ | ____

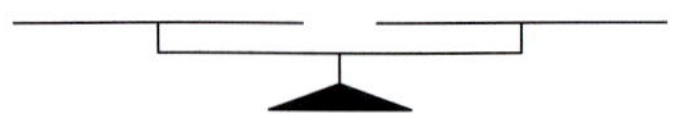

____ = ____

b)

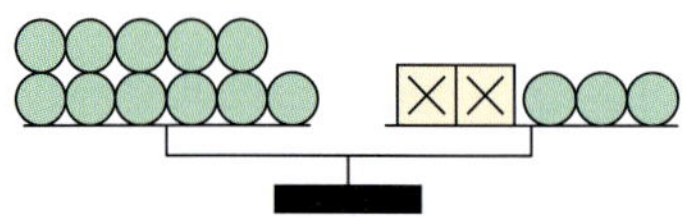

____ = ____ | ____

____ = ____ | ____

____ = ____

c)

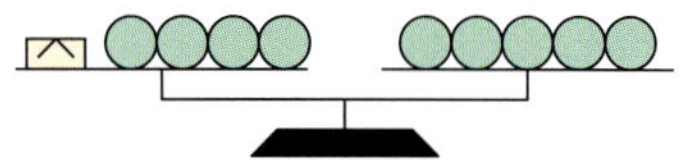

____ = ____ | ____

____ = ____ | ____

____ = ____

2 Ergänze.

a) $8x + 3 = 2x + 9$ | ____

$8x = 2x + 6$ | $-2x$

________ | ____

$x = 1$

Lösung: ________

b) $10x - 9 = 6x + 11$ | ____

$10x = 6x + 20$ | $-6x$

________ | ____

____

Lösung: ________

c) $2x - 15 + 3x = -x + 15$ | ____

________ $= -x + 30$ | $+x$

________ | ____

____

Lösung: ________

3 Ermittle die Lösungen.
Hinweis: Bringe zuerst alle „x“ auf die Seite, wo bereits mehr „x“ sind.

a) $12x - 9 = 8x + 3$

b) $31x - 99 = 6x + 1$

c) $7x - 15 + 11x = -2x + 15$

4 Die folgenden Gleichungen wurden nicht richtig gelöst.
Unterstreiche zuerst alle Fehler. Löse danach die Gleichungen.
Zusatzaufgabe: Führe jeweils die Probe durch.

a)
$8 + 15x = 5x + 8 \quad | + 5x$
$8 + 20x = 8 \quad | - 8$
$20x = 0 \quad | : 20$
$x = 0$

Lösung: 0

b)
$14x - 81 = 6x + 7 - 6x$
$14x - 81 = 12x + 7 \quad | - 12x$
$2x - 81 = 7 \quad | + 81$
$2x = 88 \quad | - 2$
$x = 86$

Lösung: 86

c)
$9x - 9 + 41x = -5x + 11$
$9 + 50x = -5x + 11 \quad | + 5x$
$9 + 55x = 11 \quad | + 9$
$55x = 20 \quad | : 20$
$x = \frac{55}{20}$

Lösung: 2,75

Anwenden und Vernetzen

5 Vier Schülerinnen unterhalten sich über ihr Alter. Wie alt sind Janne und die anderen?

a) Kreuze die passende Gleichung an.

☐ $x + (x + 3) + (x + 3) + (2x + 9) = 57$
☐ $x + (x + 3) + (x + 3) + (2x - 9) = 57$
☐ $x + (x + 3) + (2x - 9) = 57$

b) Ermittle, wie alt jedes Mädchen ist.

Formeln umstellen

▶ Grundwissen

Formeln sind spezielle Gleichungen. Die Äquivalenzumformungen für Gleichungen gelten somit auch für Formeln.

Beispiel: Ermitteln der Kantenlänge a des abgebildeten Quaders mit insgesamt 96 cm Kantenlänge.

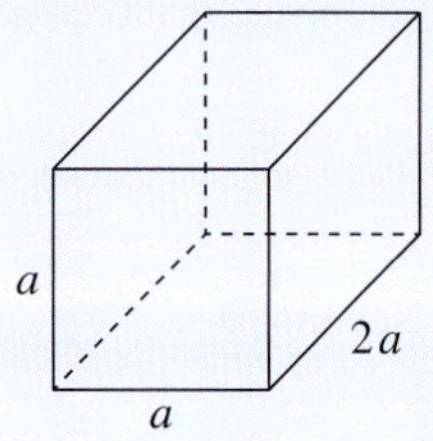

Weg A:
Einsetzen – Umstellen – Berechnen

$16a = k$

$16a = 96\,\text{cm}$ | ______

$a =$ ______

$a =$ ______

Weg B:
Umstellen –Einsetzen – Berechnen

$16a = k$ | ______

$a =$ ______

$a =$ ______

$a =$ ______

▶ Auftrag: Vervollständige die Beispiele.

Trainieren

1 Einsetzen in Formeln und berechnen von Werten

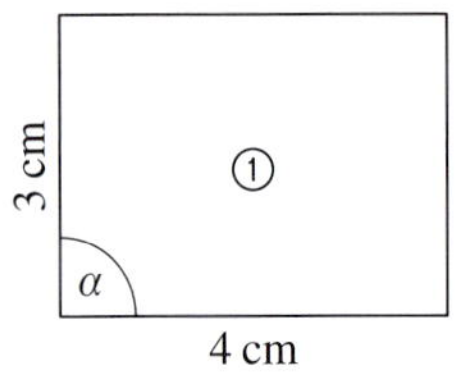

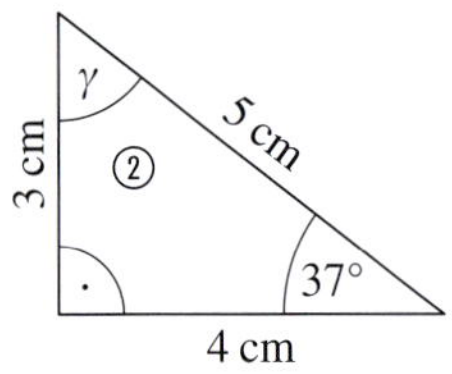

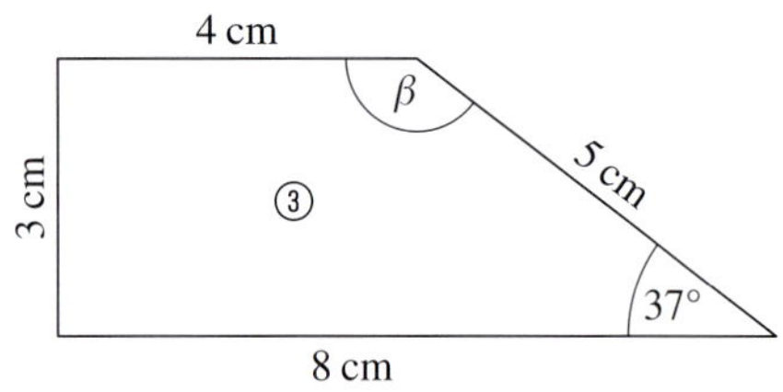

a) Berechne die Flächeninhalte der drei Figuren.

$A_{①} = a \cdot b$ | $A_{②} = \frac{a \cdot b}{2}$ | $A_{③} = 1{,}5 \cdot a \cdot b$

$A_{①} =$ ______ | $A_{②} =$ ______ | $A_{③} =$ ______

$A_{①} =$ ______ | $A_{②} =$ ______ | $A_{③} =$ ______

b) Berechne die Umfänge der drei Figuren.

$u_{①} = 2\,(a + b)$ | $u_{②} = a + b + c$ | $u_{③} = a + b + c + d$

$u_{①} =$ ______ | $u_{②} =$ ______ | $u_{③} =$ ______

$u_{①} =$ ______ | $u_{②} =$ ______ | $u_{③} =$ ______

c) Berechne die Winkelgrößen der drei Figuren.

$\alpha_{①} = 360° : 4$ | $\gamma_{②} = 180° - \alpha - \beta$ | $\beta_{③} = 360° - 180° - 37°$

$\alpha_{①} =$ ______ | $\gamma_{②} =$ ______ | $\beta_{③} =$ ______

2 Mit der Formel kann man Flächeninhalte von Trapezen berechnen.
Vervollständige die Umformungen nach h.

$A = \frac{(a + c)}{2} \cdot h$ | ______

______ $= h$

3 Formeln umstellen und Werte berechnen auf zwei Wegen.
Hinweis: Es handelt sich um Flächen wie bei Aufgabe **1**. Die Maße sind jedoch andere.

$b = 2\,\text{cm}$ $A = 72\,\text{cm}^2$

Weg A: Einsetzen – Umstellen – Berechnen

$A_{①} = a \cdot b$

$72\,\text{cm}^2 = a \cdot 2\,\text{cm}$ | ____

____ = ____

$A_{②} = \frac{a \cdot b}{2}$

____ = ____ | ____

____ = ____ | ____

____ = ____

$A_{③} = 1{,}5 \cdot a \cdot b$

____ = ____

____ = ____ | ____

____ = ____

Weg B: Umstellen – Einsetzen – Berechnen

$A_{①} = a \cdot b$ | ____

____ = ____

____ = ____

____ = ____

$A_{②} = \frac{a \cdot b}{2}$ | ____

____ = ____ | ____

____ = ____

____ = ____

____ = ____

$A_{③} = 1{,}5 \cdot a \cdot b$ | ____

____ = ____

____ = ____

____ = ____

Anwenden und Vernetzen

4 Wer mehr als 93 % der erreichbaren Punkte hat, bekommt einen Preis.

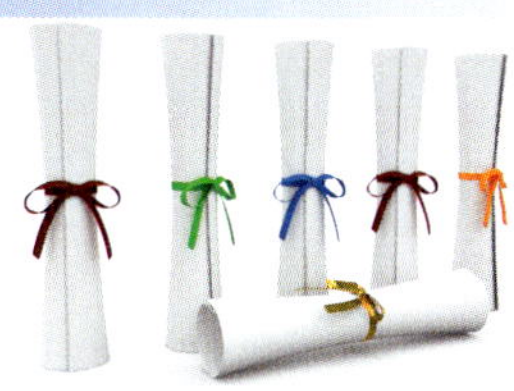

a) Beantworte die Fragen.
Hinweis: Rechne auf einem zusätzlichen Blatt. Du kann den Dreisatz nutzen.

Isla fragt: „Gibt es einen Preis, wenn 23 von 26 Punkten erreicht wurden?" ____

Oliver fragt: „Ab welcher Punktzahl gibt es einen Preis, wenn 40 Punkte möglich sind?" ____

Grace fragt: „23 Punkte sind genau 92 %. Wie viele Punkte können erreicht werden?" ____

b) Ethean sagt: „Im Internet steht: Mit der Gleichung $\frac{W}{p} = \frac{G}{100}$ kann man alle Aufgaben zur Prozentrechnung lösen. Man muss nur umstellen, einsetzen und ausrechnen.
W steht für die Größe des Anteils vom Ganzen. *p* steht für den Anteil vom Ganzen. *G* steht für das Ganze."

Stelle zuerst die Gleichung nach *W*, *p* und *G* um.
Prüfe danach, ob du mithilfe der Formeln bei Teilaufgabe **a** zu den gleichen Ergebnissen kommst.

Maßstab und Streckungsfaktor

▶ Grundwissen

- Der Maßstab gibt das Verhältnis der Länge einer Strecke im Bild zur entsprechenden Länge der Strecke im Original an.
- Der Streckungsfaktor k gibt an, mit welcher positiven Zahl die Länge der Strecke im Original zu multiplizieren ist, um die Länge der entsprechenden Strecke im Bild zu erhalten.
  Bei Vergrößerungen ist $k > 1$. Bei Verkleinerungen ist $0 < k < 1$.
  Beispiel: Im Bild ist der Maikäfer 15 mm lang und im Original 30 mm.

  Der Maßstab ist ______ $k = 1 : 2 = \frac{1}{2}$ $\frac{1}{2} \cdot 30\,\text{mm} = 15\,\text{mm}$

▶ Auftrag: Ergänze den Maßstab des rechten Bildes vom Maikäfer.

Trainieren

1 Es ist jeweils rechts das Original und links das Bild zu sehen.
Gib jeweils zuerst an, ob es sich um eine Vergrößerung oder Verkleinerung handelt. Ermittle danach den Maßstab.

Der Maßstab ist ______ Der Maßstab ist ______ Der Maßstab ist ______ Der Maßstab ist ______

2 Ergänze die Tabelle.

Maßstab	2 : 1		4 : 1	1 : 2		1 : 20
Streckungsfaktor k		6			$\frac{1}{10} = 0{,}1$	
Länge im Bild			100 mm		3 m	0,2 cm
Länge im Original	4 cm	7 cm		1 cm		

3 Ergänze die Tabellen und die Tabellenüberschriften.

a) Maßstäbliche ______

Maßstab	1 : 25	1 : 300	1 : 5	1 : 150
Länge im Bild	2 mm	3 cm		
Länge im Original			2,5 cm	300 dm

b) Maßstäbliche ______

Maßstab	5 : 1	10 : 1	20 : 1	40 : 1
Länge im Bild	2 mm	3 cm		
Länge im Original			25 m	2,8 dm

4 Gib die zugehörigen Maßstäbe und Streckungsfaktoren an.
Ermittle, wie lang eine 2 km lange Originalstrecke auf einer Karte wäre.

a) 

Maßstab: ____________

$k =$ ____________ 2 km entsprechen ________ auf der Karte.

b) 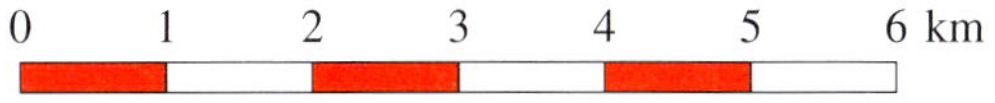

Maßstab: ____________

$k =$ ____________ 2 km entsprechen ________ auf der Karte.

c) 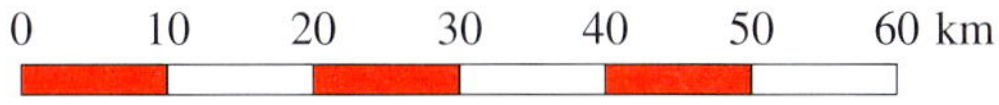

Maßstab: ____________

$k =$ ____________ 2 km entsprechen ________ auf der Karte.

d) 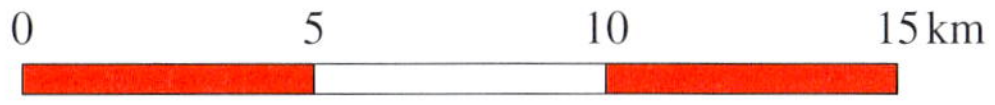

Maßstab: ____________

$k =$ ____________ 2 km entsprechen ________ auf der Karte.

Anwenden und Vernetzen

5 Der Airbus A380 ist der Rekordhalter im Passagiertransport und das zweitgrößte Flugzeug der Welt.
Die Antonow AN-225 ist 11 Meter länger und auch bei der Flügelspannweite übertrifft sie den Airbus um acht Meter.

Daten zum Airbus A380

Länge:	72,30 m
Flügelspannweite:	79,80 m
Höhe:	24,10 m
Maximale Passagierkapazität:	853

a) Das Foto zeigt ein Modell des Airbus A380 mit rund 30 cm Flügelspannweite.
Jeweils eine der Angaben ist richtig. Kreuze diese an.

Maßstab des Modells: ☐ 1 : 25 ☐ 1 : 250 ☐ 1 : 2500 ☐ 25 : 1 ☐ 250 : 1 ☐ 2500 : 1

Höhe des Modells: ☐ ca. 0,1 km ☐ ca. 0,1 cm ☐ ca. 0,1 dm ☐ ca 1 m ☐ ca. 10 cm ☐ ca. 1000 mm

b) Stell dir vor, ein Original Airbus A380 und eine Antonow AN-225 sollen mit möglichst geringem Rechenaufwand von oben gesehen auf jeweils ein DIN-A4-Blatt gezeichnet werden, dabei sollte das Bild möglichst groß sein.
Gib einen geeigneten Maßstab an.
Wie lang und breit werden die entsprechenden Bilder der Flugzeuge etwa?

____

____

____

____

6 Euer Unterrichtsraum soll umgestaltet werden. Dazu muss ein maßstabsgetreuer Grundriss auf einem DIN-A4-Blatt angefertigt werden. Welchen Maßstab würdest du empfehlen?
Hinweis: Vergleicht die Vorschläge untereinander.

____

Zentrische Streckung

▶ **Grundwissen**

- Eine zentrische Streckung wird angegeben durch den Streckungsfaktor k und das Streckungszentrum Z.
- Mithilfe zentrischer Streckungen können Figuren maßstäblich vergrößert ($k > 1$) und verkleinert ($0 < k < 1$) werden.

Beispiele: Vergrößerung mit $k = 2$ Verkleinerung mit $k = \frac{1}{2}$

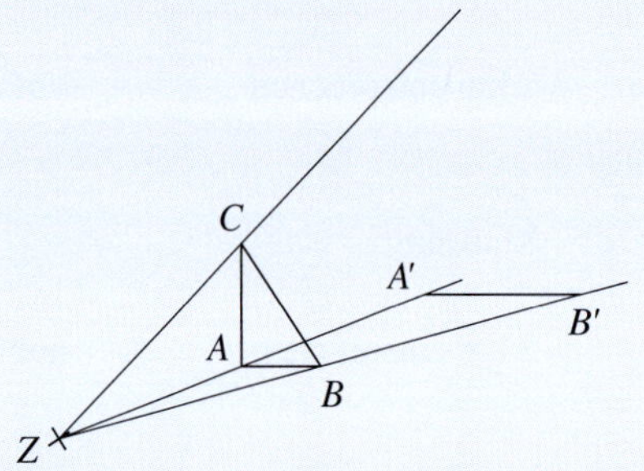

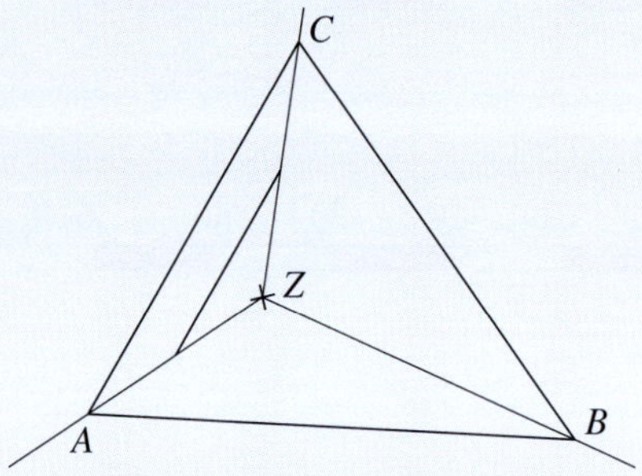

▶ **Auftrag:** Ergänze die Beispiele.

Trainieren

1

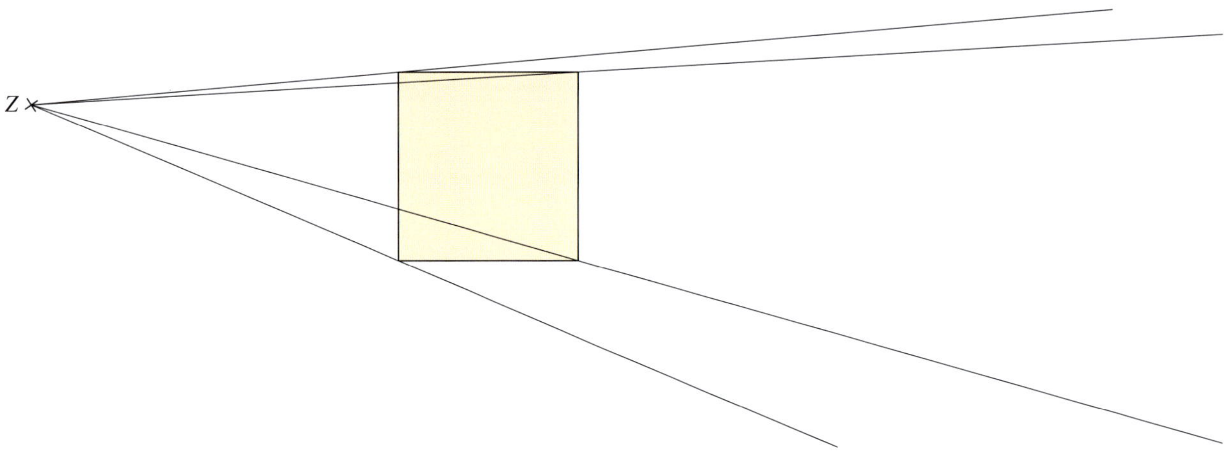

a) Der Punkt Z ist das Streckungszentrum. Vergrößere das gelbe Quadrat mit $k = 2$.

b) Der Punkt Z ist das Streckungszentrum. Verkleinere das gelbe Quadrat mit $k = \frac{1}{2}$.

2

a) Der Punkt Z_1 ist das Streckungszentrum. Vergrößere den gelben Pfeil mit $k = 2{,}5$.

b) Der Punkt Z_2 ist das Streckungszentrum. Vergrößere den gelben Pfeil mit $k = 2{,}5$.

3 Ergänze die Tabelle.

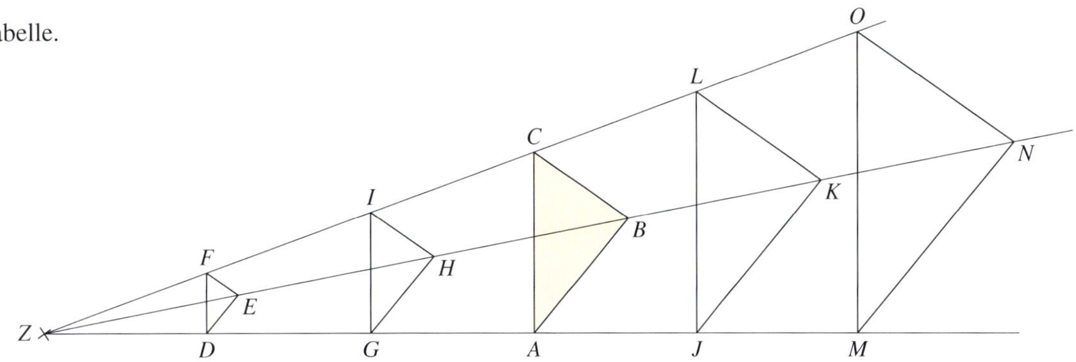

Original	Dreieck *ABC*	Dreieck *ABC*	Dreieck *ABC*	Dreieck *ABC*	Dreieck *GHI*	Dreieck *DEF*
Bild		Dreieck *DEF*		Dreieck *MNO*		Dreieck *MNO*
Streckungsfaktor	$\frac{2}{3}$		$1\frac{1}{3}$		$\frac{1}{2}$	

4 Die Figuren entstanden durch zentrische Streckungen.
Ermittle die Streckungszentren und gib in der Tabelle alle Möglichkeiten an.

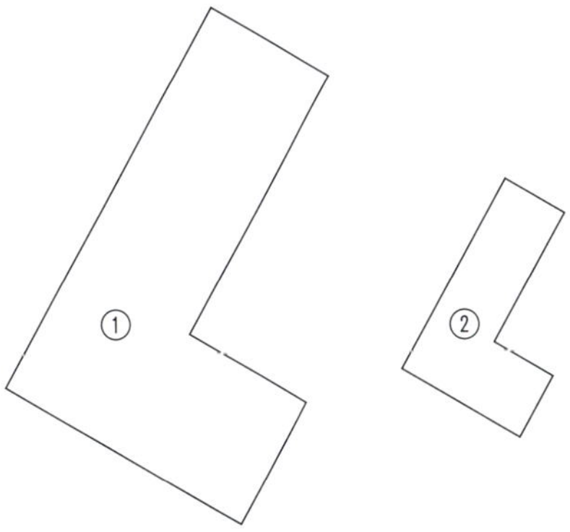

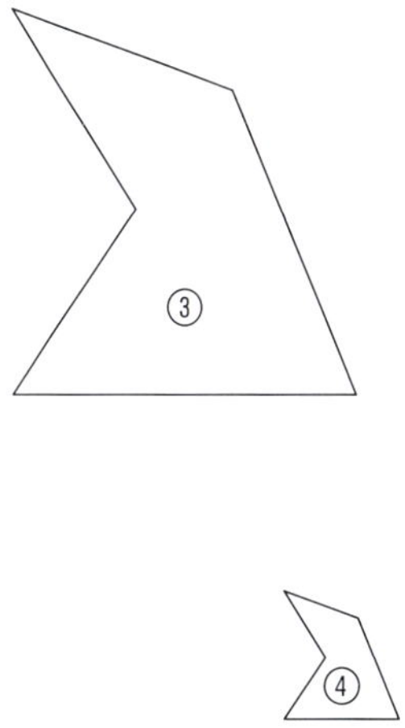

Original	①			
Bild				
Streckungsfaktor				

Anwenden und Vernetzen

5 Marie soll im Praktikum die Vorlagen für die Raumgestaltung kopieren. Ergänze die bei den Vergrößerungen oder Verkleinerungen am Kopierer einzugebenden Prozentsätze.
Hinweis: Jede Arbeitsheftdoppelseite hat DIN-A3-Format.
Jede einzelne Arbeitsheftseite hat DIN-A4-Format.

von / auf	DIN-A2-Format	DIN-A3-Format	DIN-A4-Format	DIN-A5-Format
DIN-A2-Format		141%		
DIN-A3-Format				
DIN-A4-Format			100%	
DIN-A5-Format				

Ähnlichkeit im geometrischen Sinn

▶ Grundwissen

- Entsteht eine Figur durch maßstäbliches Vergrößern oder Verkleinern einer anderen Figur, so sind beide Figuren zueinander ähnlich. ☐
- Wenn alle einander entsprechenden Strecken im gleichen Maßstab vergrößert oder verkleinert sind und alle einander entsprechenden Winkel gleich groß sind, sind zwei Figuren zueinander ähnlich. ☐
- Zwei Dreiecke sind zueinander ähnlich, wenn sie in der Größe von zwei Winkeln übereinstimmen. ☐

Beispiele:

zueinander ähnliche Dreiecke

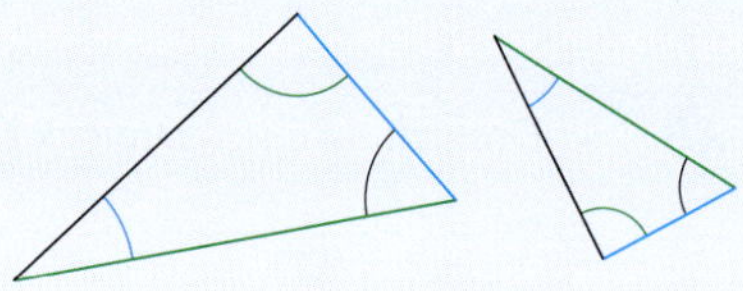

zueinander ähnliche Figuren

▶ Auftrag: Kreuze wahre Aussagen an.

Trainieren

1 Kreuze die fünf im geometrischen Sinn zueinander ähnlichen Schmetterlinge an.
Zusatzaufgabe: Begründe, warum die anderen nicht zueinander ähnlich sind.

2 Markiere in den zueinander ähnlichen Dreiecken alle einander entsprechenden Winkel und Seiten.

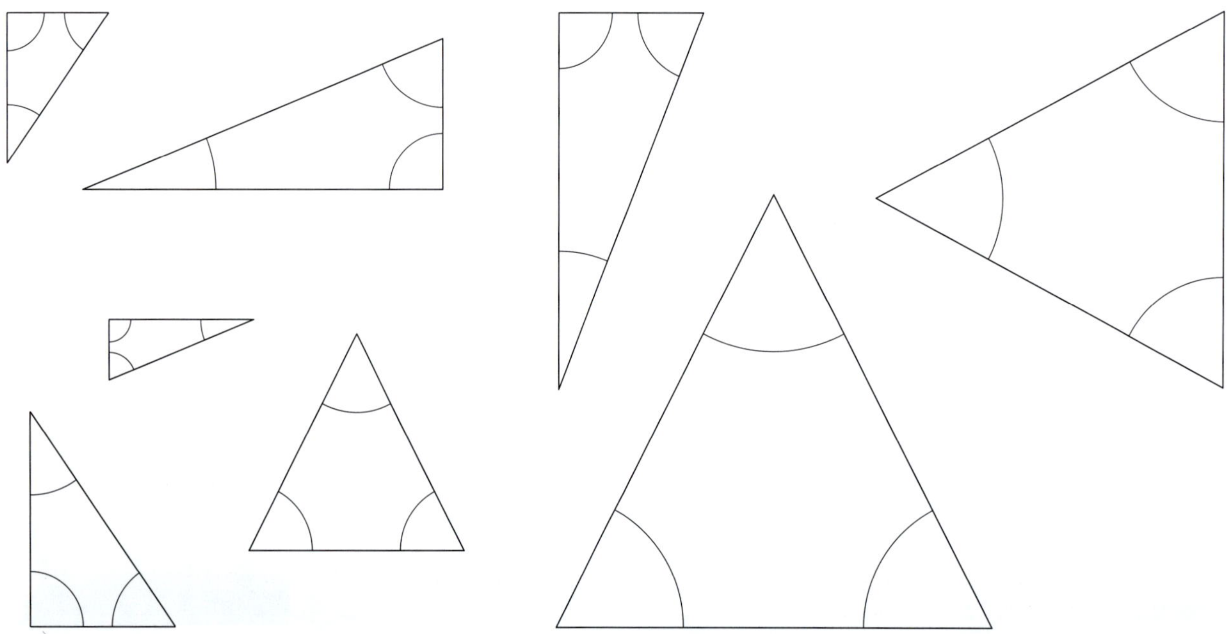

3 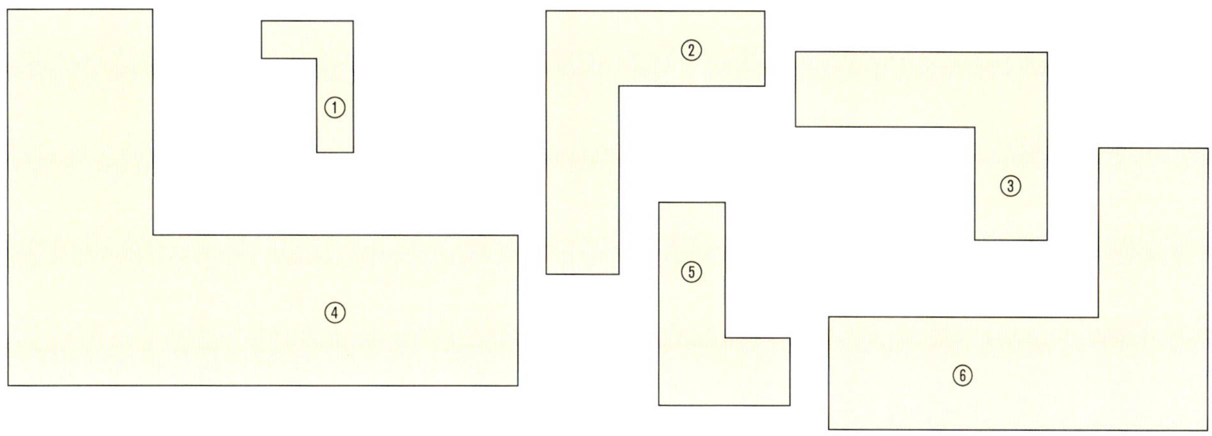

a) Betrachte nur die zueinander ähnlichen Figuren. Ordne die Längen einander entsprechender Seiten in der Tabelle zu.

Figur						
Figur						
Figur	1,25 cm	0,5 cm	0,75 cm	1,25 cm	0,5 cm	1,75 cm
Figur	3,75 cm	1,5 cm	2,25 cm	3,75 cm	1,25 cm	5,25 cm

b) Ergänze die Sätze.

Vergrößerungen der Figur ③ sind ___ und ___. 1 : 2 ist das Seitenverhältnis von ___ und ___ sowie von ___ und ___.

Anwenden und Vernetzen

4 Gesucht wird ein Punkt *R*, sodass das Dreieck *ABC* ähnlich zu dem mit den Eckpunkten *P*, *Q* und *R* ist.

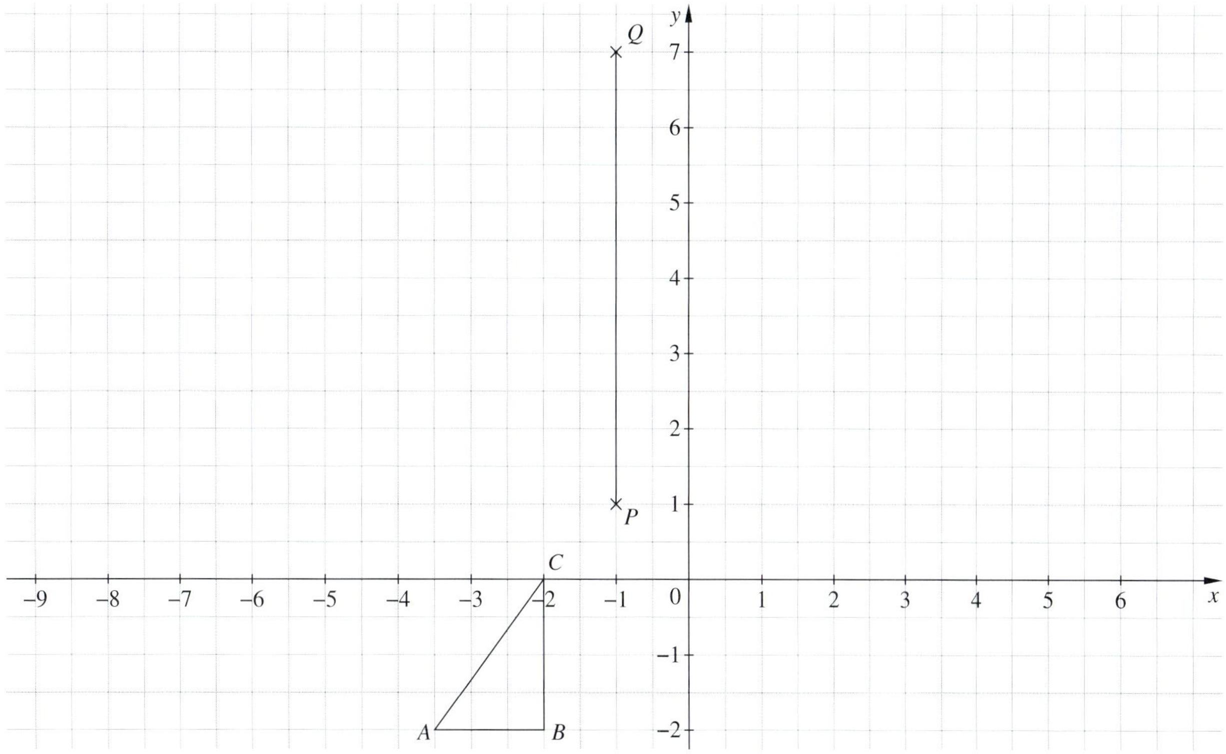

a) Trage einen passenden Punkt in das Koordinatensystem ein und gib den Maßstab an.

b) Zusatzaufgabe: Trage möglichst viele infrage kommenden Punkte in das Koordinatensystem ein und gib alle passenden Maßstäbe an.

Lineare Funktionen

▶ Grundwissen

- Eine Funktion der Form $y = ax + b$ ($f(x) = ax + b$) heißt lineare Funktion.
- Ihr Graph ist eine Gerade mit der Steigung a und dem Achsenabschnitt b auf der y-Achse.

Beispiele:

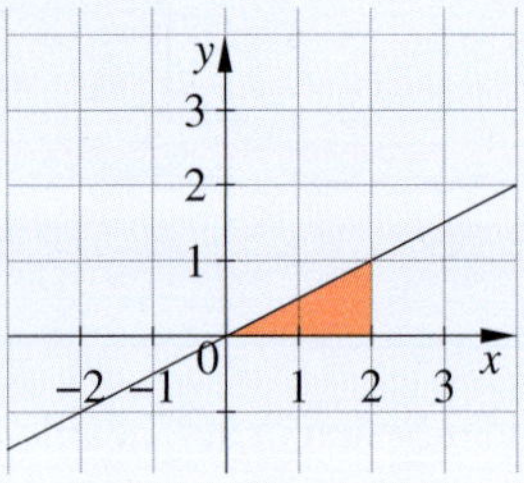

$a =$ ____ $b =$ ____

$y =$ ________________

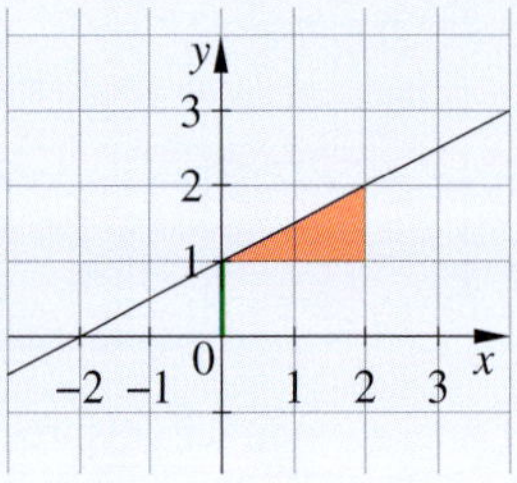

$a =$ ____ $b =$ ____

$y =$ ________________

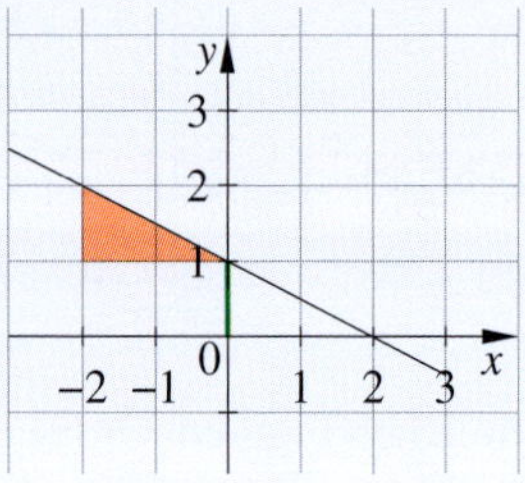

$a =$ ____ $b =$ ____

$y =$ ________________

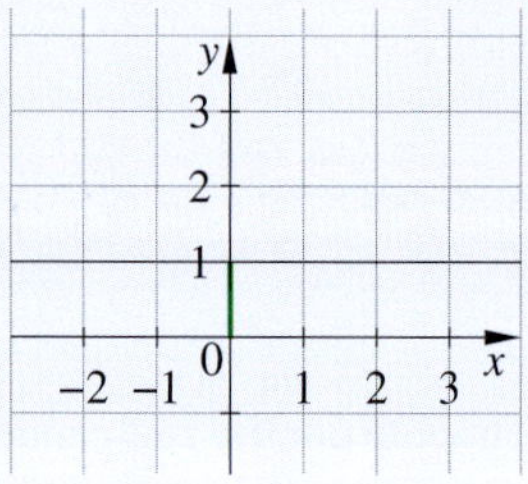

$a =$ ____ $b =$ ____

$y =$ ________________

▶ **Auftrag:** Gib jeweils a, b und die Funktionsgleichung an.

Trainieren

1 Ergänze zuerst den Schnittpunkt mit der y-Achse.
Entscheide danach, ob die Gerade von links nach rechts fällt oder steigt.

a) $y = x + 6$ $P(0|$ ____ $)$ ist der Schnittpunkt mit der y-Achse. Die Gerade … ☐ fällt ☐ steigt

b) $y = 2x - 7$ $P(0|$ ____ $)$ ist der Schnittpunkt mit der y-Achse. Die Gerade … ☐ fällt ☐ steigt

c) $y = -3x + 8$ $P(0|$ ____ $)$ ist der Schnittpunkt mit der y-Achse. Die Gerade … ☐ fällt ☐ steigt

d) $y = -4x - 9$ $P(0|$ ____ $)$ ist der Schnittpunkt mit der y-Achse. Die Gerade … ☐ fällt ☐ steigt

2 Funktionsgleichungen und Graphen

a) Gib jeweils zuerst a und b an und beschrifte danach die Graphen.

$y_1 = 3x + 6$ $a =$ ____ $b =$ ____

$y_2 = 3x + 3$ $a =$ ____ $b =$ ____

$y_3 = 3x - 2$ $a =$ ____ $b =$ ____

$y_4 = \frac{2}{3}x - 2$ $a =$ ____ $b =$ ____

b) Gib jeweils zuerst a und b an und zeichne danach die Graphen.

$y_5 = -2$ $a =$ ____ $b =$ ____

$y_6 = -2x + 3$ $a =$ ____ $b =$ ____

$y_7 = -x - 2$ $a =$ ____ $b =$ ____

$y_8 = -x$ $a =$ ____ $b =$ ____

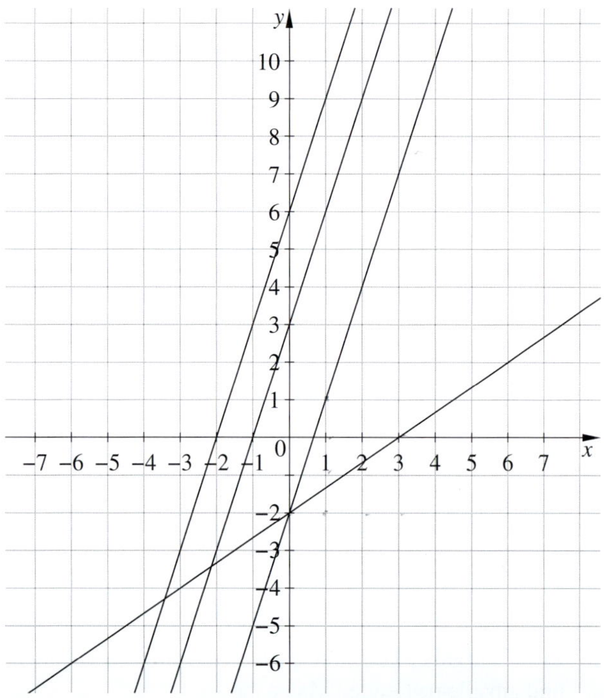

3 Im Koordinatensystem ist der Graph einer linearen Funktion eingezeichnet.

a) Gib die Funktionsgleichung dieser linearen Funktion y_1 an.

$y_1 =$ 2x - 3

b) Verschiebe die Gerade y_1 fünf Einheiten nach oben.
Gib die Gleichung zu dieser Geraden y_2 an.

$y_2 =$ 2x + 2

c) Zeichne eine Gerade y_3, die senkrecht zu y_1 verläuft und durch den Punkt $P(1{,}5 \mid 0)$ geht. Gib ihre Gleichung an.

$y_3 =$ x + 0,8

d) Spiegele die Gerade y_1 an der y-Achse und ermittle die zugehörige Gleichung.

$y_4 =$ ______

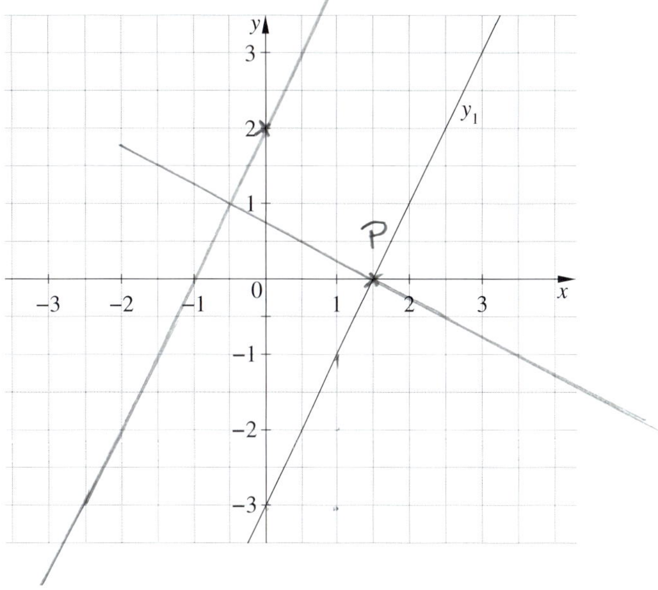

4 Graphen mit Gemeinsamkeiten zu $y = 4{,}6x - 12{,}8$.

a) Gib die Funktionsgleichung des Graphen an, der durch $P(0|0)$ und parallel zu dem von $y = 4{,}6x - 12{,}8$ verläuft. ______

b) Gib die Funktionsgleichung des Graphen an, der durch $P(0|12{,}8)$ verläuft und halb so stark steigt. ______

Anwenden und Vernetzen

5 Leni verreiste mit ihren Eltern.
Sie fuhren zuerst 62 km auf Landstraßen mit sehr unterschiedlichen Geschwindigkeiten und danach durchschnittlich 112,5 Kilometer pro Stunde auf der Autobahn.

a) Vervollständige die Tabelle zur Fahrt auf der Autobahn und trage die Wertepaare in das Koordinatensystem ein.

Zeit in min	Strecke in km
0	62,0
8	
16	
20	
40	
60	

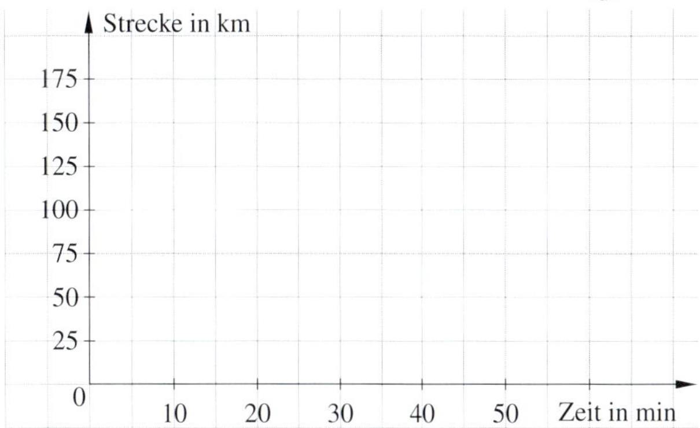

b) Warum ist es angebracht, die Punkte miteinander zu verbinden?

______

c) Schreibe eine Funktionsgleichung zum Graphen bei Teilaufgabe **a** auf.
Gib die praktische Bedeutung beider Variablen an.

Funktionsgleichung: ______

y steht für ______

x steht für ______

Steigungen

▶ Grundwissen

Für die Steigung a einer Geraden, die durch die Punkte $A(x_1 | y_1)$ und $B(x_2 | y_2)$ geht, gilt: $a = \frac{y_2 - y_1}{x_2 - x_1}$.

Beispiel: a = ______

y = ______

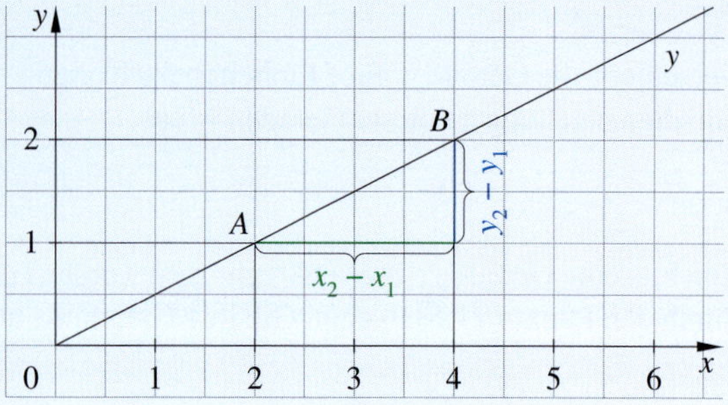

▶ Auftrag: Ergänze das Beispiel.

Trainieren

1 Steigungen von Abschnitten

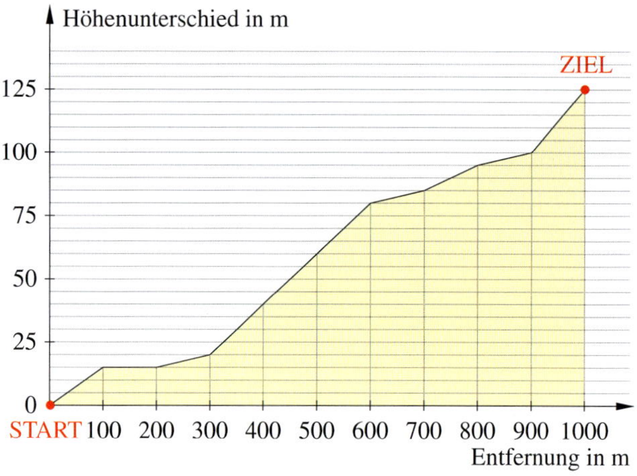

a) Gib den Abschnitt mit der größten Steigung an.

______

b) Gib den Abschnitt mit der kleinsten Steigung an.

______

c) Gib zwei 100-m-Abschnitte mit gleich großer Steigung an.

______

______

d) Ermittle die Steigungen in den angegebenen Abschnitten nach dem Start.

0 m bis 100 m: ______ 100 m bis 200 m: ______

200 m bis 300 m: ______ 300 m bis 600 m: ______

700 m bis 800 m: ______ 900 m bis 1000 m: ______

2 Geraden und Funktionsgleichungen

a) Zeichne jeweils eine Gerade, die durch den Punkt geht und die gegebene Steigung hat.

y_1: $P_1(-6 | -2)$ $a = \frac{1}{3}$

y_2: $P_2(2 | 4)$ $a = 2$

y_3: $P_3(1 | -2)$ $a = -2$

y_4: $P_4(-4 | 4)$ $a = -1$

b) Schreibe die zugehörigen Funktionsgleichungen an die Graphen.

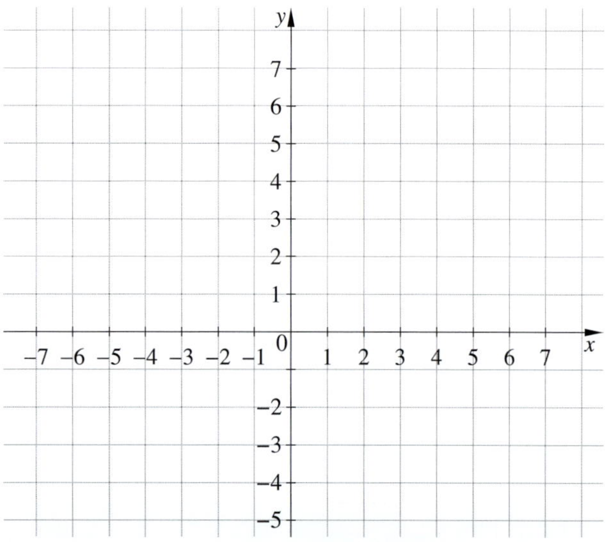

3 Berechne jeweils zuerst die Steigung der linearen Funktionen und zeichne danach die Graphen.

y_1 verläuft durch $A(-1|-1{,}5)$ und $B(-3|1{,}5)$.

____

y_2 verläuft durch $C(-1|3)$ und $D(3|-3)$.

____

y_3 verläuft durch $E(-2{,}5|-2{,}5)$ und $F(3|-1{,}5)$.

____

y_4 verläuft durch $G(-2|-1{,}5)$ und $H(4|-0{,}5)$.

____

y_5 verläuft durch $I(1|1{,}5)$ und $J(3|2{,}5)$.

____

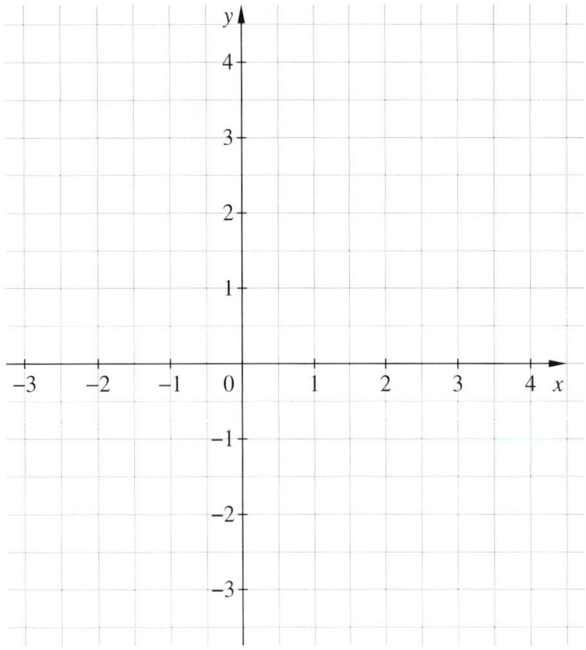

Anwenden und Vernetzen

4 An vielen Straßen im Gebirge steht ein Schild, welches die Steigung bzw. das Gefälle angibt.

a) Kreuze die richtigen Erklärungen an.

„Auf 100 m waagerechter Entfernung kommt man 20 m höher." ☐ richtig ☐ falsch

„Die Steigung ist 0,2." ☐ richtig ☐ falsch

„Nach 2 km ist man 200 m höher." ☐ richtig ☐ falsch

b) Berechne den überwundenen Höhenunterschied für eine Entfernung von 1,5 km laut Straßenkarte.

____

____

c) Zeichne entsprechende Graphen und gib die zugehörigen Funktionsgleichungen an.

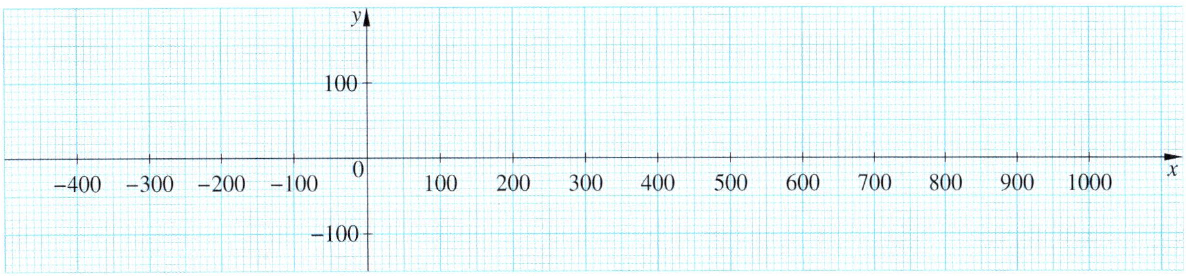

d) Miss die Anstiegswinkel (kleinster Winkel zwischen Graph und x-Achse).

____

Lineare Gleichungen mit zwei Variablen

▶ Grundwissen

- Jede lineare Gleichung kann in die Form $y = ax + b$ gebracht werden. (x und y stehen für Variablen. a und b stehen für Zahlen.)
- Jeder Lösung $(x|y)$ einer linearen Gleichung entspricht ein Punkt auf der zugehörigen Geraden.

Beispiel: $y - 4 = -0{,}5x \quad | +4$

$y = -0{,}5x + 4$ Das Wertepaar $(0|4)$ ist eine Lösung.

x	0	2	4	6	8
y	4	3			

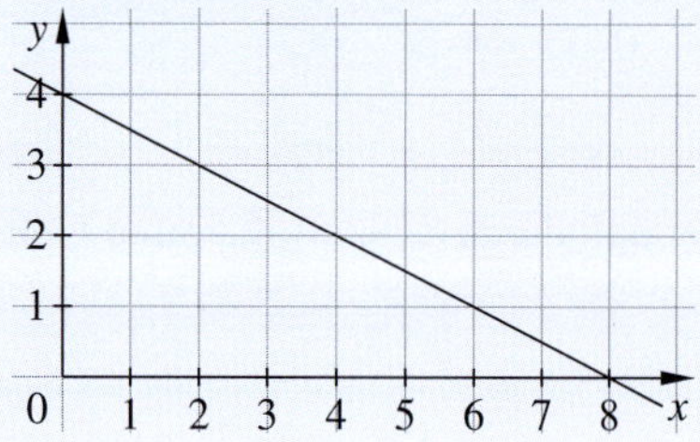

▶ Auftrag: Ergänze die Tabelle und trage die zugehörigen Punkte im Koordinatensystem ein.

Trainieren

1 Kreuze zuerst die linearen Gleichungen an.
Unterstreiche danach in den anderen Gleichungen die Terme, die nicht in linearen Gleichungen vorkommen.
Zusatzaufgabe: Forme auf einem zusätzlichen Blatt die Gleichungen nach y um.

☐ $y = 5$ ☐ $y = 2x$ ☐ $y = 2x + 5$ ☐ $y = x \cdot x$

☐ $y^3 = 5x - 7$ ☐ $y = x$ ☐ $y \cdot 2x = 8x + 2$ ☐ $2y - 4 = 0$

2 Ordne den linearen Gleichungen Lösungen zu. Zeichne sieben Linien ein.

$y = x + 4$ $y - 5 = 2x$ $0 = x + y$ $2y + 3x = 1$

$(1|-1)$ $(1|5)$ $(1|7)$ $(2|6)$ $(2|-2)$ $(3|-4)$ $(-5|8)$

3 Ergänze zuerst die Wertetabellen. Veranschauliche danach die Lösungen mithilfe von Geraden im Koordinatensystem.

a) $y = x + 4$

x	−6	−4	0	2	4
y	−2				

b) $y = -x - 1$

x	−6	−4	0	2	4
y					

c) $y = 2x - 4$

x	−2	0	2	4	6
y					

d) $y = -3x + 1$

x	−2	−1	0		
y				−5	−8

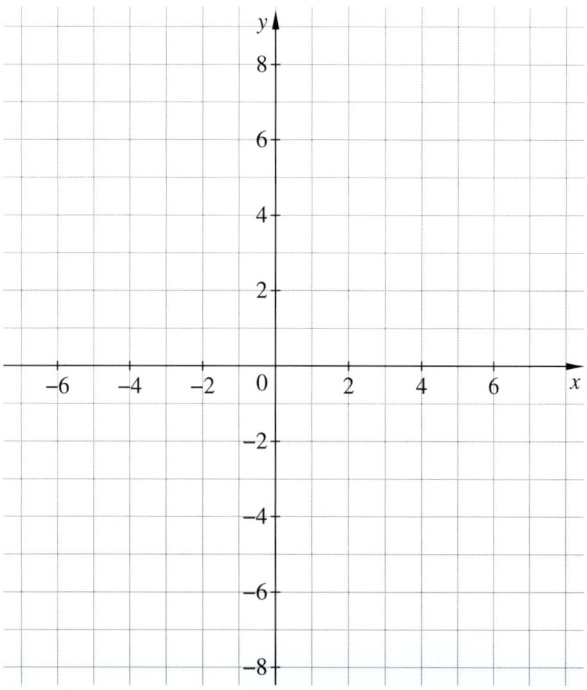

4 Forme zuerst die linearen Gleichungen nach y um.
Veranschauliche danach die Lösungen der linearen Gleichungen mithilfe von Geraden im Koordinatensystem.

a) $y + 5 = 4x$ | ______

______

b) $y + 0{,}5x = 3$ | ______

______

c) $2y = -4x - 8$ | ______

______

d) $2y - 6 = 4x$ | ______

______ | ______

______

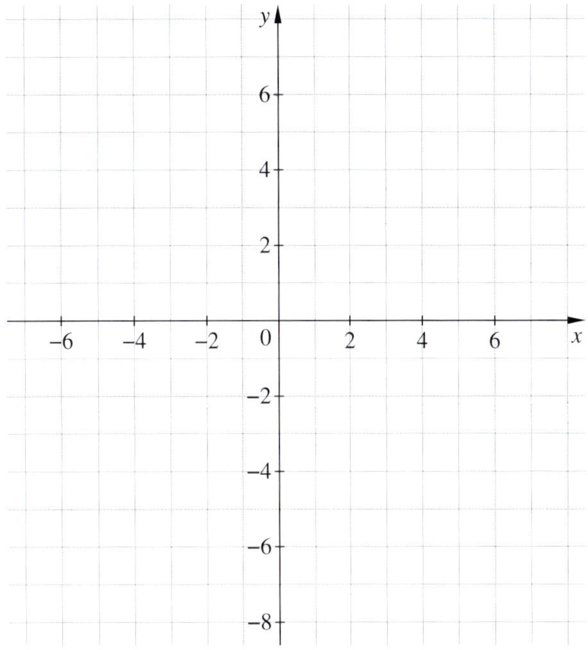

Anwenden und Vernetzen

5 Aus einem 14 cm langen Draht werden Rechtecke gebogen.

a) Gegeben ist jeweils eine Seite eines Rechtecks mit 14 cm Umfang.
Ergänze die fehlenden Seiten und benenne sie mit x bzw. y.

$y = 1{,}5$ cm

$x = 4$ cm

$x = 3{,}5$ cm

b) Kreuze alle Lösungen an.

☐ $x = 2$ und $y = 5$ ☐ $x = 3{,}3$ und $y = 3{,}7$

☐ $x = 8$ und $y = -1$ ☐ $x = 0{,}6$ und $y = 6{,}4$

c) Gib im Koordinatensystem mit einer Geraden alle möglichen Seitenlängen an.

d) Ergänze so, dass die Zahlenpaare Seitenlängen angeben.

① $x = 1{,}5$ cm und $y =$ ______

② $x =$ ______ und $y = 2{,}8$ cm

e) Gib eine passende lineare Gleichung an.
Zusatzaufgabe: Was muss für die x-Werte gelten?

$y =$ ______ ______

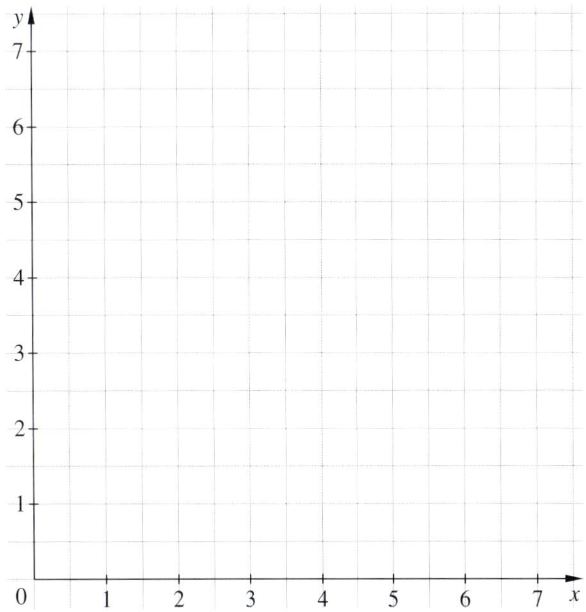

Lineare Gleichungssysteme grafisch lösen

▶ Grundwissen

- Zwei lineare Gleichungen mit zwei Variablen bilden ein lineares Gleichungssystem.
- Ein Wertepaar $(x\,|\,y)$ heißt Lösung des linearen Gleichungssystems, falls es beide Gleichungen erfüllt.
- Es gibt entweder

________ Lösung oder ________ Lösung oder ________ Lösungen.

Beispiele:

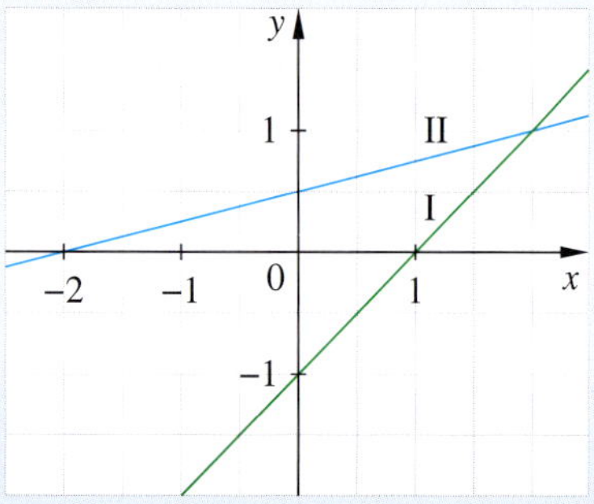

I $y = x - 1$
II $y = 0{,}25x + 0{,}5$

Lösung: $(2\,|\,1)$

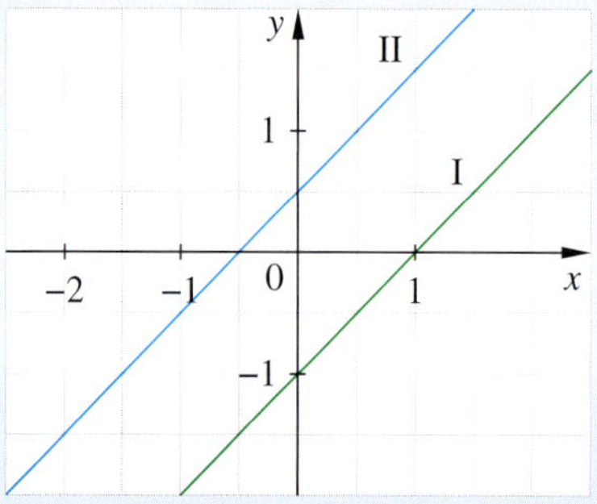

I $y = x - 1$
II $y = x + 0{,}5$

Lösung: keine

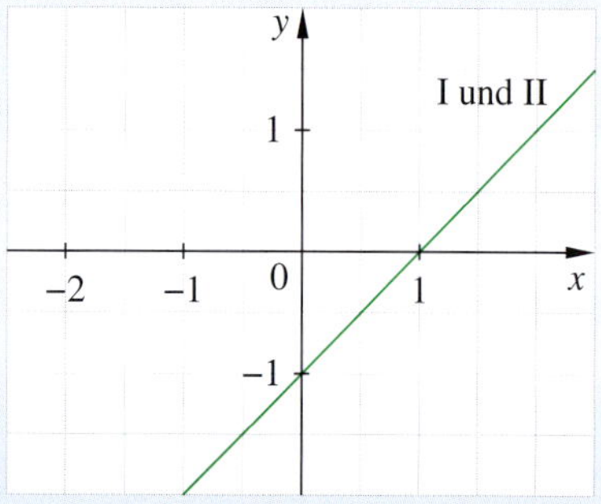

I $y = x - 1$
II $2y = 2x - 2$

Lösung: $(x\,|\,x - 1)$

▶ Auftrag: Ergänze den Text.

Trainieren

1 Lösungen linearer Gleichungen und linearer Gleichungssysteme

a) Gib jeweils zwei Wertepaare an, die Lösungen der linearen Gleichungen sind.
Stelle die Lösungen mithilfe einer Geraden im Koordinatensystem dar.

$y = x + 2$ ________

$-1{,}5x = y$ ________

$x = -\frac{2}{3}y$ ________

$y + 1 = -\frac{1}{8}x$ ________

$y = -1{,}5x + 4{,}5$ ________

b) Schreibe unter jedes lineare Gleichungssystem dessen Lösungen.
Hinweis: Nutze, wenn möglich, die Zeichnung bei Teilaufgabe **a**.

I $y = x + 2$
II $y = -1{,}5x + 4{,}5$
Lösung: ________

I $-1{,}5x = y$
II $x = -\frac{2}{3}y$
Lösung: ________

I $y = -1{,}5x + 4{,}5$
II $x = -\frac{2}{3}y$
Lösung: ________

I $y = -1{,}5x + 4{,}5$
II $y + 1 = -\frac{1}{8}x$
Lösung: ________

c) Gegeben ist die lineare Gleichung $y = 2x - 1$. Zeichne den zugehörigen Graphen ein und gib, wenn möglich, jeweils eine Gleichung an, sodass das lineare Gleichungssystem die angegebene Anzahl an Lösungen hat.

I ________
II $y = 2x - 1$
genau eine Lösung

I ________
II $y = 2x - 1$
keine Lösung

I ________
II $y = 2x - 1$
unendlich viele Lösungen

I ________
II $y = 2x - 1$
genau drei Lösungen

2 Ermittle grafisch die Lösungen der linearen Gleichungssysteme.

a) I $y = x + 2$
II $y = -x + 4$ Lösung: ________

b) I $y = x + 2$
II $y = 0{,}4x + 5$ Lösung: ________

c) I $y = 0{,}5x + 1$
II $y = -x + 4$ Lösung: ________

d) I $y = -x + 7$
II $y = 0{,}5x + 1$ Lösung: ________

Zusatzaufgaben:

e) I $y + x = 7$
II $y - x = 2$ Lösung: ________

f) I $-x + 7 = y$
II $y + x = 4$ Lösung: ________

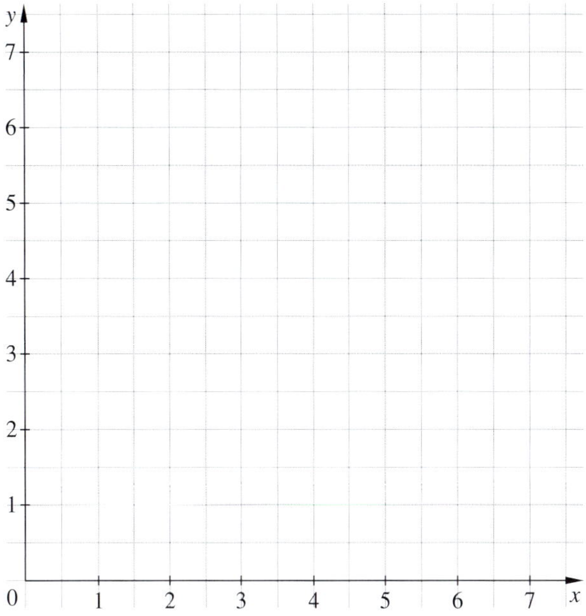

Anwenden und Vernetzen

3 Für zwei achte Klassen einer Schule steht eine Klassenfahrt an. Einige Schülerinnen und Schüler planen die Zimmerbelegung. Die Lehrerin sagt ihnen:
„Die Jugendherberge hat insgesamt 14 Zimmer, in denen 3 oder 5 Betten stehen. Es sind insgesamt 50 Betten.“
Ermittle grafisch die Anzahl der Drei- und Fünfbettzimmer.
Hinweis: Stelle je eine Gleichung zur Anzahl der Zimmer und eine zur Anzahl der Betten auf.

____

____

____

____

____

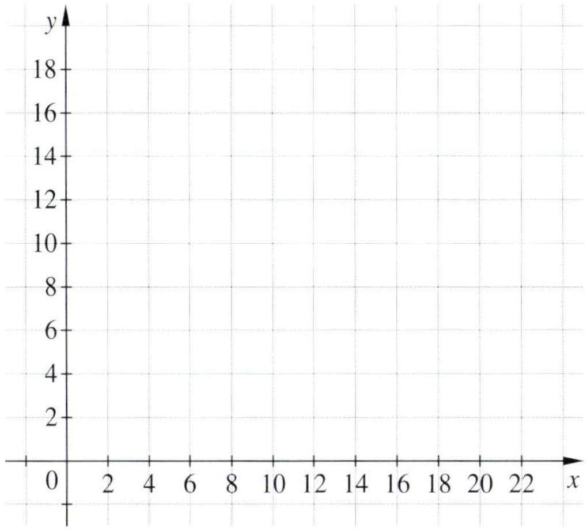

4 In einem Geldscheinzähler sind doppelt so viele 50-Euro-Scheine wie 20-Euro-Scheine. Der Gesamtwert der Scheine beträgt 600,00 Euro. Wie viele 50-Euro-Scheine und wie viele 20-Euro-Scheine sind im Geldscheinzähler?

____

____

____

____

____

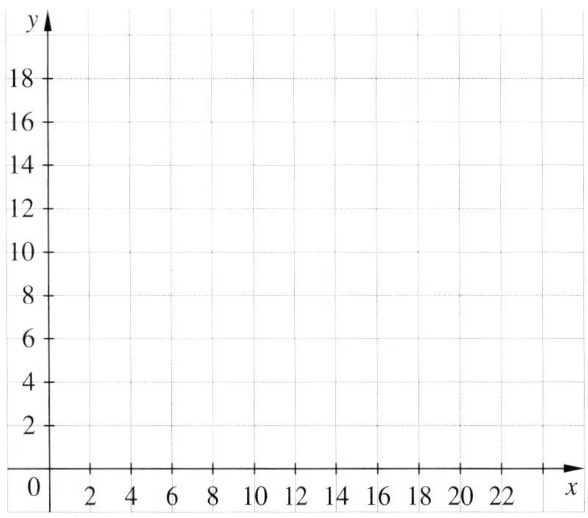

Quadratzahlen und Quadratwurzeln

▶ Grundwissen

- Die Quadratwurzel von a ist diejenige nichtnegative Zahl, die mit sich selbst multipliziert a ergibt.
- Bei nichtnegativen Zahlen ist das Wurzelziehen die Umkehrung des Quadrierens und das Quadrieren die Umkehrung des Wurzelziehens.

Beispiele: $\sqrt{4}$ = ____ , denn ____ = 4 ____________________

▶ Auftrag: Ergänze das Beispiel und gib ein weiteres Beispiel an.

Trainieren

1 Ergänze in einer Minute möglichst viele Quadratzahlen von 1 bis 20.

x	1	2	3	4	5	6	7	8	9	10
x^2										

x	11	12	13	14	15	16	17	18	19	20
x^2										

2 Berechne die Quadratzahlen, ohne den Taschenrechner zu nutzen.
Hinweis: Nutze die Ergebnisse aus den Tabellen bei Aufgabe 1.

a) $10^2 =$ ____ $1^2 =$ ____ $0{,}1^2 =$ ____ $0{,}01^2 =$ ____

b) $30^2 =$ ____ $3^2 =$ ____ $0{,}3^2 =$ ____ $0{,}03^2 =$ ____

c) $70^2 =$ ____ $7^2 =$ ____ $0{,}7^2 =$ ____ $0{,}07^2 =$ ____

d) $130^2 =$ ____ $13^2 =$ ____ $1{,}3^2 =$ ____ $0{,}13^2 =$ ____

3 Berechne die Quadratwurzeln, ohne den Taschenrechner zu nutzen.
Hinweis: Nutze die Ergebnisse aus den Tabellen bei Aufgabe 1.

a) $\sqrt{400} =$ ____ $\sqrt{4} =$ ____ $\sqrt{0{,}04} =$ ____ $\sqrt{0{,}0004} =$ ____

b) $\sqrt{8\,100} =$ ____ $\sqrt{81} =$ ____ $\sqrt{0{,}81} =$ ____ $\sqrt{0{,}0081} =$ ____

c) $\sqrt{32\,400} =$ ____ $\sqrt{324} =$ ____ $\sqrt{3{,}24} =$ ____ $\sqrt{0{,}0324} =$ ____

d) $\sqrt{12\,100} =$ ____ $\sqrt{256} =$ ____ $\sqrt{1{,}44} =$ ____ $\sqrt{0{,}0225} =$ ____

4 Ermittle die Ergebnisse im Kopf.
Hinweis: Nutze die Ergebnisse aus den Tabellen bei Aufgabe 1.

a) $0{,}07^2 =$ ____ b) $90^2 =$ ____ c) $1{,}9^2 =$ ____

d) $\sqrt{0{,}25} =$ ____ e) $\sqrt{0{,}0064} =$ ____ f) $\sqrt{10\,000} =$ ____

g) $\sqrt{100} + 1^2 =$ ____ h) $\sqrt{81} + 9^2 =$ ____ i) $\sqrt{0{,}49} + 11^2 =$ ____

j) $\sqrt{4} + 1^2 =$ ____ k) $\sqrt{1{,}21} + 3^2 =$ ____ l) $\sqrt{0{,}0144} + 6^2 =$ ____

Ergebnisse zum Abstreichen:

0,0049	0,08
0,5	3
3,61	10,1
11	36,12
90	100
121,7	8 100

5 Seitenlängen und Flächeninhalte von Quadraten

a) Ergänze zuerst die Seitenlänge bzw. den Flächeninhalt. Zeichne danach beide Quadrate.

Quadrat ①: Seitenlänge: 40 mm

Flächeninhalt: ____________________

Quadrat ②: Seitenlänge: ____________________

Flächeninhalt: 900 mm^2

b) Es sind Seitenlängen und Flächeninhalte von unterschiedlich großen Quadraten gegeben. Entscheide ohne Taschenrechner, welche vier Paare zusammengehören. Markiere sie mit der gleichen Farbe.

3 cm	9 cm	81 cm^2	18 cm	3,24 cm^2
1,8 cm	324 cm^2	9 cm^2	32,4 cm^2	0,9 cm

Anwenden und Vernetzen

6 Je größer die Dämmerungszahl ist, desto besser ist die Auflösung in der Dämmerung.

Die Dämmerungszahl D ist definiert als: $D = \sqrt{V \cdot O}$, wobei V für die Vergrößerung und O für den Objektivdurchmesser stehen.

Berechne die Dämmerungszahl jedes Modells.
Welche beiden Gläser sind demnach für die Dämmerung besonders zu empfehlen?

Modell	A	B	C	D	E	F
…-fache Vergrößerung (V)	8	20	12	8	10	25
Objektivdurchmesser in mm (O)	30	50	40	40	25	30
Dämmerungszahl (D)						

7 Differenzen von Quadratzahlen

a) Schreibe die Differenz der jeweils aufeinander folgenden Quadratzahlen von 1 bis 10 auf. Was fällt dir auf?

b) Überprüfe deine Regel von Teilaufgabe **a** am Beispiel der Quadrate von 99; 100 und 101.

Rechtwinklige Dreiecke

▶ Grundwissen

- In rechtwinkligen Dreiecken heißen die Seiten, die den rechten Winkel einschließen, ________________
- Die dem rechten Winkel gegenüberliegende Seite heißt ________________________________

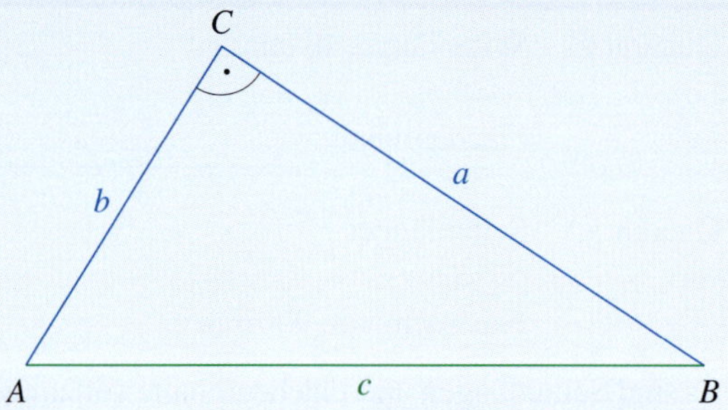

▶ Auftrag: Trage die fehlenden Fachbegriffe ein. Verwende folgende Silben. NU-HY-KA-SE-PO-THE-TE-TEN

Trainieren

1 Dreiecke mit und ohne rechten Winkel

a) Markiere den rechten Winkel in den rechtwinkligen Dreiecken.

b) Markiere mit unterschiedlichen Farben jeweils die Hypotenuse und die Katheten.

☐ Hypotenuse ☐ Kathete

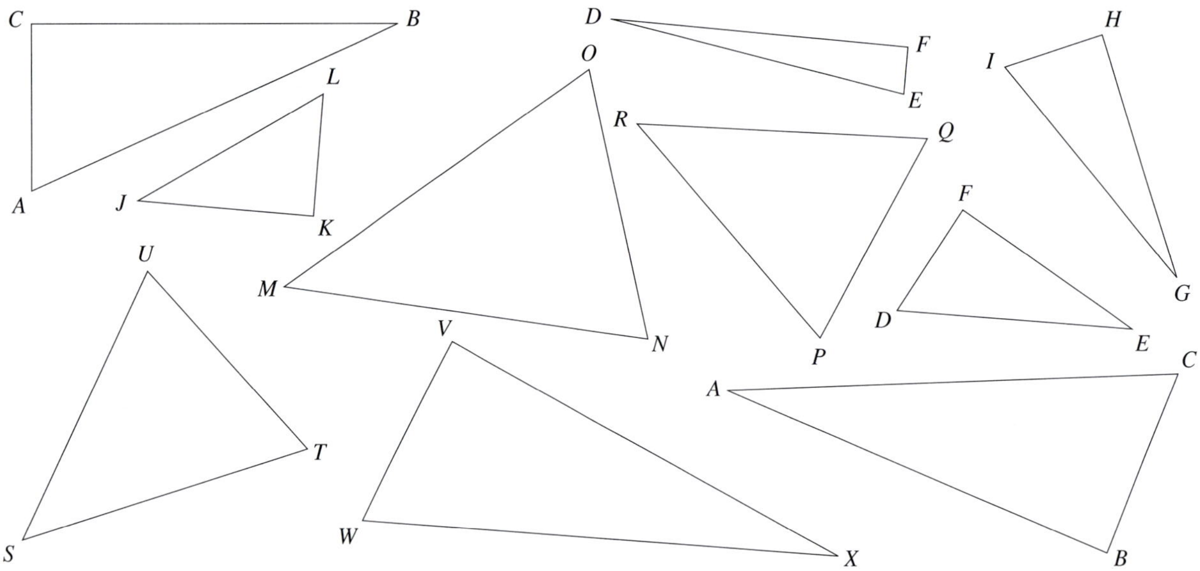

2 Trage Längen ab und ergänze jeweils die dritte Seite des Dreiecks.

a) Die Katheten sind 5,6 cm und 4,2 cm lang.

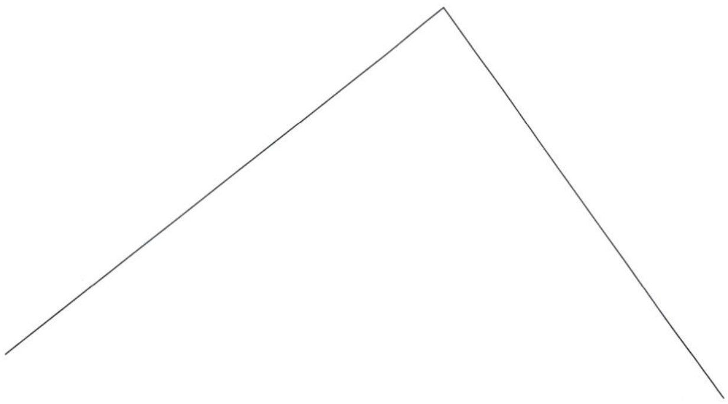

b) Die Hypotenuse ist 4 cm lang und eine Kathete 3,2 cm.

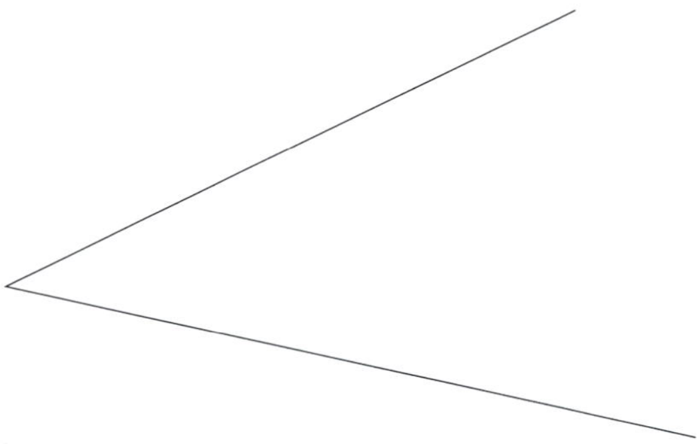

3 Markiere alle vier rechten Winkel innerhalb von Dreiecken und vervollständige die Tabelle.
Hinweis: Liegen die Ecken eines Dreiecks so auf einem Kreis, dass eine Seite des Dreiecks der Kreisdurchmesser ist, so ist das Dreieck rechtwinklig.

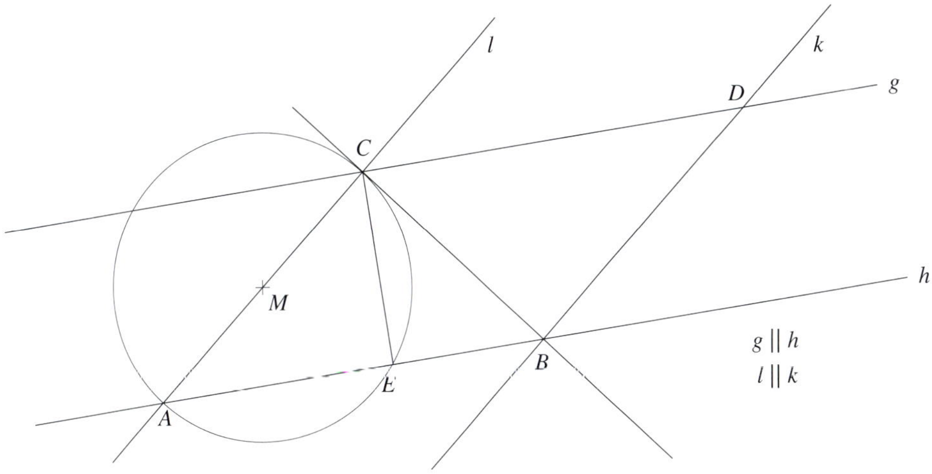

	Dreieck ABC			
Hypotenuse		$\overline{AC}$		
Katheten			$\overline{BC}$; $\overline{BD}$	$\overline{BE}$;

Anwenden und Vernetzen

4 Konstruiere ein rechtwinkliges Dreieck ABC mit …

a) Hypotenuse $c = 4\,\text{cm}$ und Höhe $h_c = 1{,}5\,\text{cm}$

b) Hypotenuse $c = 5\,\text{cm}$ und Kathete $a = 3\,\text{cm}$

c) Zusatzaufgabe: Gib den Flächeninhalt jedes Dreiecks an.

Der Satz des Pythagoras

▶ Grundwissen

In jedem rechtwinkligen Dreieck ist die Summe der Flächeninhalte der Quadrate über den Katheten genauso groß wie der Flächeninhalt des Quadrates über der Hypotenuse.

Gleichung: ______________ a und b sind Katheten. c ist die Hypotenuse.

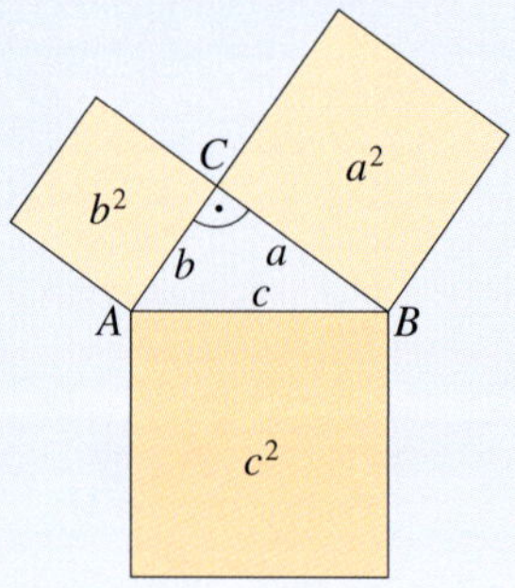

Beispiele:

$c^2 = (1{,}6\ \text{cm})^2 + (1{,}2\ \text{cm})^2$
$c^2 = 4\ \text{cm}^2$
$c = \sqrt{4\ \text{cm}^2}$
$c = 2\ \text{cm}$

$a^2 + (1{,}2\ \text{cm})^2 = (2\ \text{cm})^2 \quad | - (1{,}2\ \text{cm})^2$
$a^2 = (2\ \text{cm})^2 - (1{,}2\ \text{cm})^2$
$a = \sqrt{2{,}56\ \text{cm}^2}$
$a = 1{,}6\ \text{cm}$

▶ Auftrag: Ergänze die Formel passend zur Zeichnung.

Trainieren

1 Ergänze zu passenden Gleichungen.

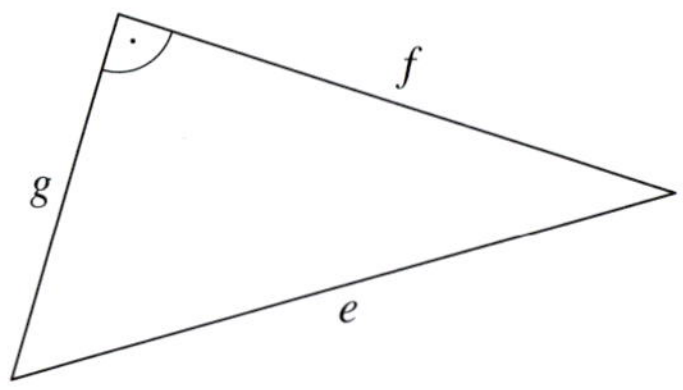

$e^2 =$ ___ + ___ ___ $= e^2 -$ ___

$e = \sqrt{\_\_\_ + \_\_\_}$ ___ $= \sqrt{e^2 - \_\_\_}$

2 Gib jeweils zuerst die zum Satz des Pythagoras passende Gleichung an. Berechne danach die fehlende Seitenlänge.
Hinweis: Markiere jeweils die Hypotenuse.

a)
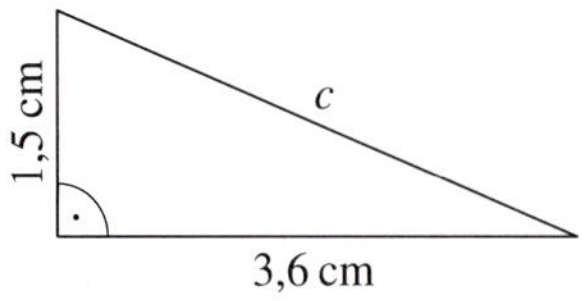

b)
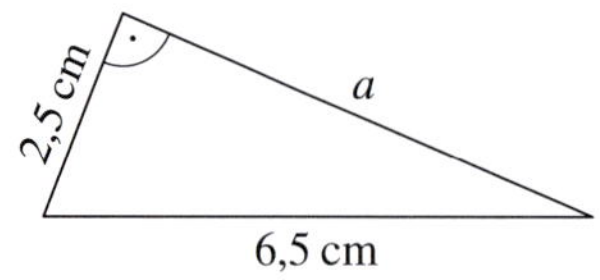

c)
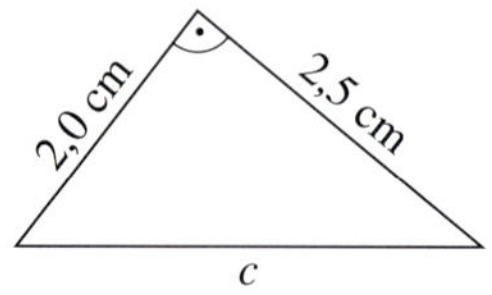

3 Handelt es sich um rechtwinklige Dreiecke?
Hinweis: Die längste Seite ist in rechtwinkligen Dreiecken die Hypotenuse.
Zusatzaufgabe: Ändere eine Seitenlänge, sodass ein rechtwinkliges Dreieck vorliegt.

a) $a = 0{,}5\ \text{cm};\ b = 0{,}3\ \text{cm};\ c = 0{,}4\ \text{cm}$ ☐ rechtwinklig ☐ nicht rechtwinklig

____

b) $a = 1{,}2\ \text{m};\ b = 20\ \text{dm};\ c = 1{,}6\ \text{m}$ ☐ rechtwinklig ☐ nicht rechtwinklig

____

c) $a = 270\ \text{m};\ b = 450\ \text{m};\ c = 210\ \text{m}$ ☐ rechtwinklig ☐ nicht rechtwinklig

____

d) $a = 250\ \text{cm};\ b = 2{,}8\ \text{m};\ c = 24\ \text{dm}$ ☐ rechtwinklig ☐ nicht rechtwinklig

____

4 Berechne die fehlenden Seitenlängen.

a)

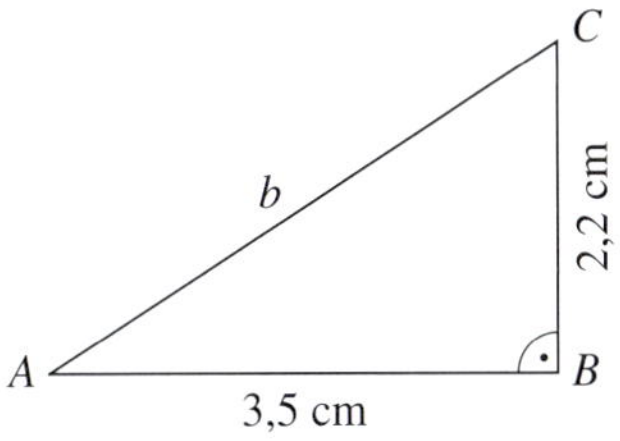

b)

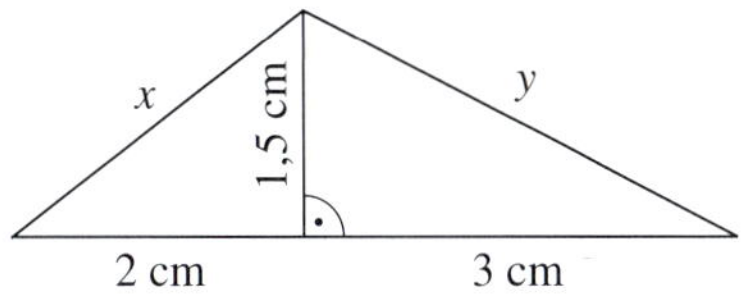

c)

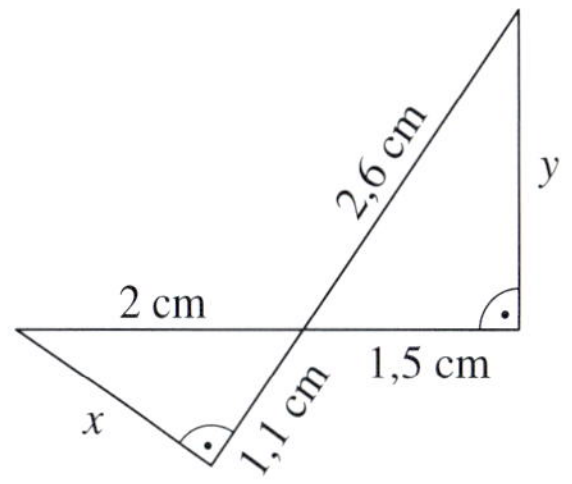

Anwenden und Vernetzen

5 Kreuze alle richtig aufgestellten Gleichungen an.

a)

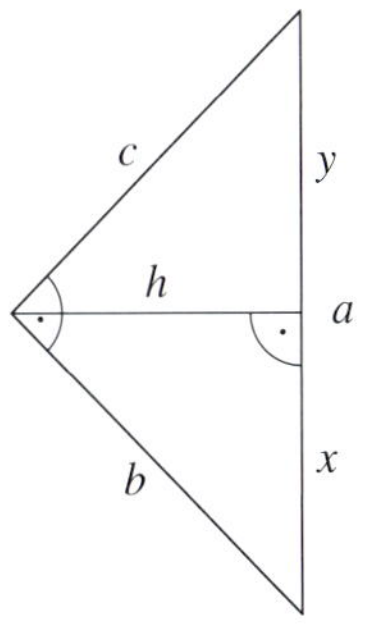

- ☐ $a^2 = c^2 + b^2$
- ☐ $b^2 = c^2 - a^2$
- ☐ $h^2 = c^2 + a^2$
- ☐ $b^2 = x^2 + h^2$
- ☐ $y = \sqrt{c^2 - h^2}$
- ☐ $x = \sqrt{b - h}$

b)

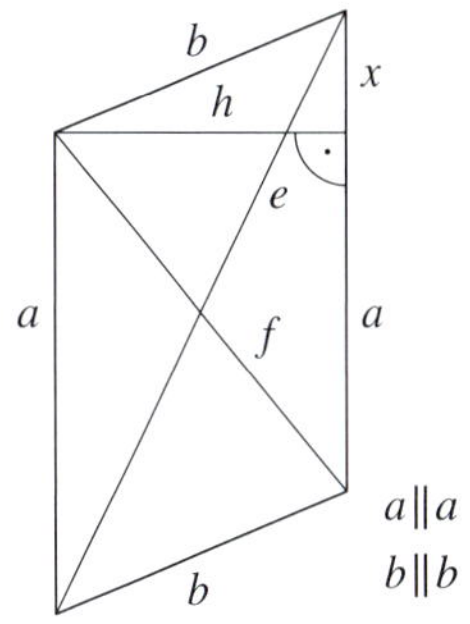

- ☐ $a^2 + b^2 = f^2$
- ☐ $h^2 + a^2 = e^2$
- ☐ $x = \sqrt{b^2 - h^2}$
- ☐ $e = \sqrt{(a - x)^2 + h^2}$
- ☐ $b^2 + \left(\frac{e}{2}\right)^2 = \left(\frac{f}{2}\right)^2$
- ☐ $e^2 = a^2 + b^2$

6 Berechne die Längen der Raumdiagonalen d eines Würfels mit der Kantenlänge $k = 4\,\text{cm}$.
Zusatzaufgabe: Gib eine möglichst kurze allgemeine Formel zur Berechnung der Raumdiagonalen d eines Würfels mit beliebiger Kantenlänge k an.

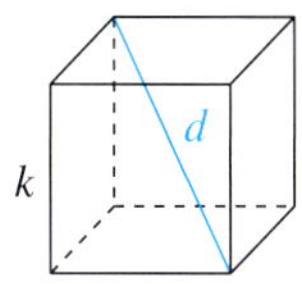

Begriffe der Prozentrechnung

▶ Grundwissen

In der Prozentrechnung unterscheidet man zwischen

Prozentsatz $p\%$, (Anteil eines Ganzen) – Prozentwert W (Größe eines Anteils) und Grundwert G. (Größe eines Ganzen)

Beispiele:

Wie viel Prozent sind 7 Schüler von 20 Schülern?

Ermittle 16 % von 50 Schülern.

50 Schüler sind bereits angemeldet. Das sind 20 %. Gib die Gesamtzahl an.

• Berechnung mit Dreisatz:

	Schüler	Anteil (p%)	
: 20	20	100 %	: 20
· 7	1	5 %	· 7
	7	35 %	

	Anteil (p%)	Schüler	
: 100	100 %	50	: 100
· 16	1 %	0,5	· 16
	16 %	8	

	Anteil (p%)	Schüler	
: 20	20 %	50	: 20
· 100	1 %	2,5	· 100
	100 %	250	

• Berechnung mit Formeln:

$p\% = \frac{W}{G}$ $W = \frac{p \cdot G}{100}$ $G = \frac{W \cdot 100}{p}$

$p\% =$ ______ $=$ ______

$W =$ ______ $=$ ______

$G =$ ______ $=$ ______

▶ Auftrag: Ergänze die Berechnungen mit Formeln.

Trainieren

1 Betrachte die eingefärbten Anteile. Ergänze passende Angaben bzw. färbe Teile ein.

	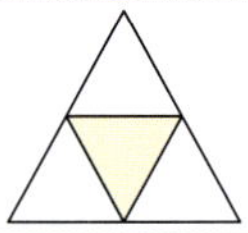	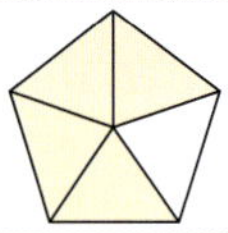	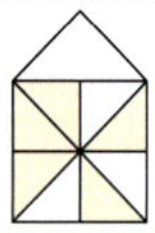	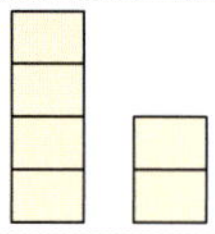		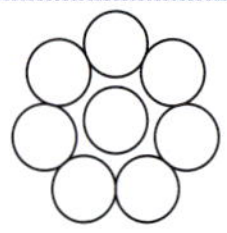	
Prozentsatz p%	25 %				20 %		30 %
Prozentwert W		4		6		4	
Grundwert G	4			4			

2 Ermittle die Prozentsätze mithilfe des Dreisatzes.

a) Wie viel Prozent sind 7 cm von 20 cm? ______

Länge in cm	Anteil
20	100 %
1	
7	

b) Wie viel Prozent sind 150 g von 500 g? ______

Masse in g	Anteil

c) Wie viel Prozent sind 12 min von 60 min? ______

Zeit in min	Anteil

3 Berechne die Prozentsätze.

a) 9 cm von 45 cm sind ______

b) 5 kg von 20 kg sind ______

c) 6 € von 24 € sind ______

d) 17 cm von 50 cm sind ______

e) 8,7 kg von 10 kg sind ______

f) 51 g von 300 g sind ______

4 Ermittle die Prozentwerte mithilfe des Dreisatzes.
Zusatzaufgabe: Überprüfe deine Ergebnisse mithilfe von Hundertsteln.

a) 80 % von 200 Karten sind weg.

Das sind ______

Anteil	Karten
100 %	200
1 %	
80 %	

b) 300 g Ketchup enthalten 22 % Zucker.

Das sind ______

Anteil	Masse

c) 19 % von 110 € gibt es Rabatt.

Das sind ______

Anteil	Rabatt

5 Berechne die Prozentwerte.

a) 25 % von 80 m sind ______ **b)** 3 % von 200 g sind ______ **c)** 10 % von 60 min sind ______

d) 70 % von 8 kg sind ______ **e)** 75 % von 2 l sind ______ **f)** 13 % von 11 s sind ______

6 Ermittle die Grundwerte mithilfe des Dreisatzes.

a) 10 Teile (5 %) sind defekt.

Insgesamt sind es ____ Teile.

Anteil	Teile

b) 3,8 % (76 ml) sind Fett.

Insgesamt sind es ____ Milch.

Anteil	Milch
3,8 %	76 ml
1 %	
100 %	

c) 30 % (13,5 Punkte)

Insgesamt gab es ____ Punkte.

Anteil	Punkte

7 Berechne die Grundwerte.

a) 10 % von ______ sind 7 h. **b)** 15 % von ______ sind 15 m. **c)** 20 % von ______ sind 8 s.

d) 19 % von ______ sind 38 €. **e)** 7 % von ______ sind 8,4 €. **f)** 1,75 % von ______ sind 8,75 ml.

Anwenden und Vernetzen

8 *„Heute geben Ihnen unsere Verkäufer 16 % Rabatt auf alle Möbel und die Kassiererinnen ziehen danach zusätzlich 2 % Skonto bei Barzahlung an der Kasse ab."*

Ein Händler wirbt mit dem Aktionsangebot.
Ein Kunde fragt, wie viel der regulär 270 € teure Schrank heute kostet und wie viel Prozent er insgesamt sparen kann.

Gib passende Antworten.

______

______

______

Begriffe der Zinsrechnung

▶ Grundwissen

In der Zinsrechnung sind die Bezeichnungen anders als in der Prozentrechnung, man unterscheidet zwischen

Zinssatz $p\,\%$ (p. a.), (Prozentsatz $p\,\%$)	Jahreszinsen Z und (Prozentwert W)	Kapital K. (Grundwert G)

Beispiele:

Für das Leihen von 200 € sind nach einem Jahr 40 € zu zahlen. Berechne den Zinssatz.	Der Zinssatz für geduldete Überziehung beträgt 12 %. Berechne die Jahreszinsen für 50 €.	50 € Zinsen wurden nach einem Jahr gezahlt. Der Zinssatz war 2 % p. a. Berechne das Anfangskapital.

- Berechnung mit Dreisatz:

Operation	Betrag in €	Anteil ($p\,\%$)	Operation
: 200	200	100 %	: 200
· 40	1	0,5 %	· 40
	40	20 %	

Operation	Anteil ($p\,\%$)	Betrag in €	Operation
: 100	100 %	50	: 100
· 12	1 %	0,5	· 12
	12 %	6	

Operation	Anteil ($p\,\%$)	Betrag in €	Operation
: 2	2 %	50	: 2
· 100	1 %	25	· 100
	100 %	2 500	

- Berechnung mit Formeln:

$p = \frac{Z \cdot 100}{K}$ $\qquad$ $Z =$ ____________ $\qquad$ $K =$ ____________

$p\,\% =$ ______ = ______ $\qquad$ $W =$ ______ = ______ $\qquad$ $G =$ ______ = ______

▶ Auftrag: Ergänze die Formeln und die Berechnungen mit Formeln.

Trainieren

1 Ergänze die Zinssätze, die Jahreszinsen bzw. das Kapital.
Hinweis: Unterstreiche jeweils den Zinssatz, die Jahreszinsen und das Kapital.
Lege zuvor Farben fest. ☐ Zinsatz ☐ Jahreszins ☐ Kapital

a) Frau Arndt leiht sich für ein Jahr 50 € und zahlt dafür 3,00 € Zinsen bei einem Zinssatz von ____________

b) Frau Clas legt für ein Jahr 4 000 € an und erhält dafür 128,00 € Zinsen bei einem Zinssatz von ____________

c) Herr Drake leiht sich für ein Jahr 800 € zu einem Zinssatz von 12,5 % p. a. Seine Jahreszinsen betragen ____________

d) Herr Ernst leiht sich für ein Jahr 300 € zu einem Zinssatz von 11,5 % p. a. Seine Jahreszinsen betragen ____________

e) Frau Genz zahlte bei einen Zinssatz von 10 % nach einem Jahr 200 € Zinsen. Sie lieh sich demnach ____________

2 Ergänze die Tabelle.

Z		900 €	456,75 €	565,11 €		121,75 €	0,12 €
K	4 000 €		8 700 €		7 860 €		137,50 €
$p\,\%$	13 %	7,5 %		13,5 %	0,5 %	0,25 %	

3 Färbe ineinander überführbare Formeln gleich ein.

		$\frac{p}{100} = \frac{Z}{K}$	$p\,\% = \frac{Z}{K}$	$p = \frac{Z \cdot 100}{K}$
$p = \frac{Z}{K} \cdot 100$	$\frac{p}{100} = \frac{G}{W}$	$Z = \frac{K \cdot p}{100}$	$p = \frac{Z}{K}$	$K = Z \cdot p$

4 Bankgeschäfte

a) Frau Schmidt erhielt nach einem Jahr 12,20 € Zinsen für 500 €.
Herr Len bekam bei einer anderen Bank nach einem Jahr 19,52 € Zinsen für 800 €.
Wer hatte den höheren Zinssatz?

b) Frau Bag legt Geld stets für ein Jahr an. Sie lässt sich jeweils am Ende der Laufzeit die Zinsen zusammen mit dem Anfangskapital auszahlen.
Dieses Jahr bekam sie 74,75 € Zinsen bei 2,3 % p. a. und im letzten Jahr waren es 72,00 € bei 2,4 % p. a.
Wie viel hatte sie in den beiden Jahren angelegt?

c) Herr Reiner leiht sich für ein Jahr 2 599 € für 5,8 % p. a.
Berechne den Betrag, der nach einem Jahr an die Bank zu zahlen ist.

5 Ergänze die Sätze.
Zusatzaufgabe: Führe eine Probe durch, indem du eine gegebene Angabe berechnest.

a) Jana hat 560 € auf ihrem Konto. Sie erhält 3,1 % Zinsen p. a. Nach einem Jahr sind ______ auf dem Konto.

b) Familie Krüger hat einen Kredit für 7,2 % Zinsen p. a. 108,00 € Zinsen zahlen sie nach einem Jahr für ______

c) Der Zinssatz bei der X-Bank beträgt ______ p. a. und die nach einem Jahr zu zahlenden Zinsen 50,40 € bei einer Kreditsumme von 1 000 €. Die Bearbeitungsgebühr ist 1 %. Sie wird auf die Kreditsumme aufgeschlagen.

Anwenden und Vernetzen

6 Profitieren auch Sie von den Gewinnchancen der Börse mit Ihrem Sparkonto. Sie legen Ihr Geld für ein Jahr fest bei uns an. Wir gewähren Ihnen dafür einen Basiszins von einem Prozent.
Wenn die Börse zum Wochenende im Plus schließt (also um einige Prozent gestiegen ist), verzinsen wir Ihren Anlagebetrag zusätzlich mit dem gleichen Prozentsatz für diese sieben Tage rückwirkend am Jahresende, jedoch mit maximal 5 % zu Ihren garantierten 1 %.
Wenn die Börse Verluste macht, bekommen Sie nur den Basiszins.
Ihre dadada-Bank

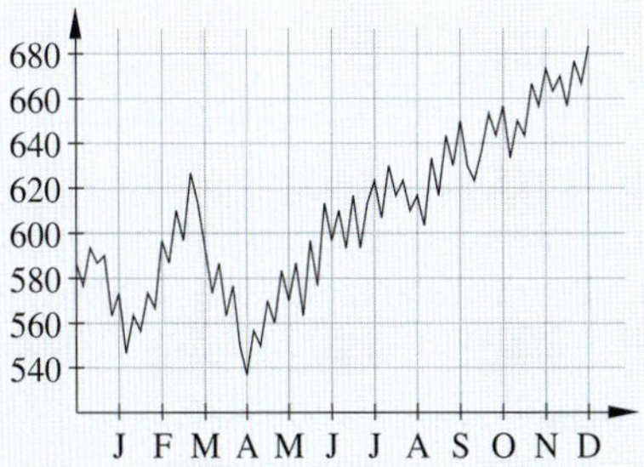

a) Mit welchem Zinssatz kann ein Anleger maximal rechnen? ______

b) Man kann sein Geld auch für 3 % p. a. anlegen. Ist dies eine interessante Alternative?

c) Der Börsenkurs ist in einem Jahr um 22 % gestiegen. Erläutere die Entwicklung des Sparguthabens.

Zinsen für unterschiedliche Anlagedauern

▶ Grundwissen

Zinsen für einen Teil eines Jahres kann man berechnen, indem die Zinsen für ein Jahr mit dem passenden Bruch (Anteil des Jahres) multipliziert werden. Oft gilt: 1 Monat = 30 Tage und 1 Jahr = 360 Tage.

Beispiel: 2 000 € werden mit 3 % p. a. verzinst.

- Zinsen für ein Jahr: $Z = \frac{p \cdot K}{100}$ — Zinsen für ______ $Z = \frac{3 \cdot 2000\,€}{100} = 60\,€$
- Zinsen für d Tage: $Z_d = \frac{p \cdot K}{100} \cdot \frac{d}{360}$ — Zinsen für ______ $Z = \frac{3 \cdot 2000\,€}{100} \cdot \frac{60}{360} = 60\,€ \cdot \frac{1}{6} = 10\,€$
- Zinsen für m Monate: $Z_m = \frac{p \cdot K}{100} \cdot \frac{m}{12}$ — Zinsen für ______ $Z = \frac{3 \cdot 2000\,€}{100} \cdot \frac{4}{12} = 60\,€ \cdot \frac{1}{3} = 20\,€$

▶ **Auftrag:** Ergänze im Beispiel die Anlagedauern.

Trainieren

1 Ergänze die Tabelle.

a) 10 000,00 € werden mit 3 % p. a. unterschiedlich lange verzinst. Berechne die Zinsen.
Hinweis: Überlege, wie man mit geringem Aufwand schnell zu den Ergebnissen kommt.

Kapital	10 000,00 €	10 000,00 €	10 000,00 €	10 000,00 €	10 000,00 €	10 000,00 €
Zinssatz p. a.	3 %	3 %	3 %	3 %	3 %	3 %
Anlagedauer	1 Jahr	30 Tage	72 Tage	3 Monate	5 Monate	halbes Jahr
Zinsen						

b) Berechne die Zinsen.

Kapital	7 500,00 €	7 400,00 €	2 500,00 €	2 500,00 €	750,00 €	500,00 €
Zinssatz p. a.	2 %	2,5 %	3,25 %	8 %	11,5 %	16,2 %
Anlagedauer	90 Tage	90 Tage	330 Tage	2 Monate	7 Monate	viertel Jahr
Zinsen						

2 Verbinde mit Linien mindestens zwei zusammenpassende Angaben zu Kapital, Zinssatz, Anlagedauer und Zinsen.
Hinweis: Fünf zusammenpassende Angaben sind zu finden.

Kapital	1 500,00 €	4 500,00 €	800,00 €	2 500,00 €	900,00 €	2 000,00 €
Zinssatz p.a.	12,2 %	5 %	2,5 %	3,25 %	12,5 %	0,5 %
Anlagedauer	viertel Jahr	90 Tage	90 Tage	144 Tage	2 Monate	2 Monate
Zinsen	45,75 €	25,00 €	45,00 €	1,67 €	7,50 €	116,67 €

3 Eine Bank bietet einen Zinssatz von 2 %, wenn 10 000,00 € für 4 Jahre angelegt werden.
Jeder Kunde kann entscheiden, ob seine Zinsen am Ende jedes Jahres ausgezahlt werden oder erst nach 4 Jahren.
Ergänze die Tabellen und berechne den Unterschied der insgesamt ausgezahlten Zinsen.

Zinsen werden am Ende jedes Jahres ausgezahlt		
	Zinsen	Kapital
Anfang		10 000,00 €
1 Jahr	200,00 €	10 000,00 €
2 Jahre		10 000,00 €
3 Jahre		10 000,00 €
4 Jahre		10 000,00 €

Zinsen werden erst nach 4 Jahren ausgezahlt		
	Zinsen	Kapital
Anfang		10 000,00 €
1 Jahr	200,00 €	10 200,00 €
2 Jahre		10 404,00 €
3 Jahre		10 612,08 €
4 Jahre		10 824,32 €

Anwenden und Vernetzen

4 Herr Zukunft hat ein Sparbuch mit gestaffelten Zinssätzen.
Am 1. Januar eines Schaltjahres (366 Tage) waren 5 850,00 € auf seinem Sparbuch.
Am 28. März hat er 890,00 € abgehoben und am 20. Dezember 1 980,00 €.
Am 7. Mai wurden 4 570,00 € eingezahlt, am 14. August 740,00 € und am 12. Oktober 580,00 €.

Berechne taggenau $\left(\frac{x}{366}\right)$ das Guthaben von Herrn Zukunft am 1. Januar des Folgejahres.

Zinssatz p. a.	Kapital
1,50 %	unter 1 000,00 €
2,00 %	über 1 000,00 € bis 5 000,00 €
2,50 %	über 5 000,00 € bis 10 000,00 €
2,75 %	über 10 000,00 € bis 20 000,00 €
3,00 %	über 20 000,00 € bis 50 000,00 €
3,50 %	über 50 000,00 €

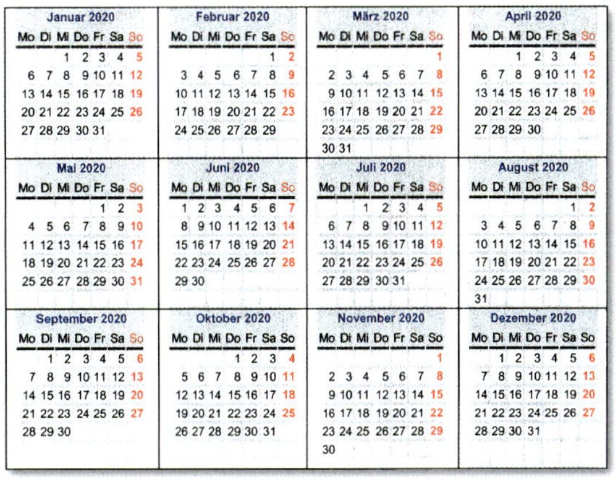

Zeitraum	Kapital	Anlagezeit	Zinssatz p. a.	Zinsen
1. Januar bis 27. März	5 850,00 €	87 d	2,50 %	34,76 €

Zinseszinsen

▶ Grundwissen

Werden Zinsen am Jahresende zum jeweiligen Kapital hinzugefügt und im folgenden Jahr mit verzinst, so spricht man vom Zinseszins.

Beispiel: Familie Barte legt 5 000,00 € mit Zinseszins für 2 Jahre zu einem Zinssatz von 4 % p. a. an.

Kapital nach dem 1. Jahr: 5 000,00 € + $\frac{5\,000{,}00\,€ \cdot 4}{100}$ = ______________________

Kapital nach dem 2. Jahr: 5 200,00 € + ______________________

Am Ende der Laufzeit werden 5 408,00 € ausgezahlt.

▶ **Auftrag:** Ergänze das Beispiel.

Trainieren

1 Familie Bach möchte 4 000,00 € mit Zinseszins für 4 Jahre zu einem Zinssatz von 3 % p. a. anlegen. Berechne, wie viel am Ende der Laufzeit ausgezahlt wird.

Kapital nach dem 1. Jahr: ______________________

Kapital nach dem 2. Jahr: ______________________

Kapital nach dem 3. Jahr: ______________________

Kapital nach dem 4. Jahr: ______________________

____

2 Familie Händel leiht sich 2 500,00 € mit Zinseszins zu einem Zinssatz von 4,5 % p. a. für 4 Jahre. Berechne, wie viel am Ende der Laufzeit zurückzuzahlen ist.

Schulden nach dem 1. Jahr: ______________________

Schulden nach dem 2. Jahr: ______________________

Schulden nach dem 3. Jahr: ______________________

Schulden nach dem 4. Jahr: ______________________

____

3 Ergänze die Tabelle zur Verzinsung mit Zinseszins.

Startkapital	500,00 €	1 000,00 €	1 200,00 €
Zinssatz p. a.	2 %	4 %	4,2 %
Zinsen für das 1. Jahr			
Kapital insgesamt am Ende des 1. Jahres			
Zinsen für das 2. Jahr			
Kapital insgesamt am Ende des 2. Jahres			

4 Gedankenexperiment:
Stell dir vor, dass 1 000,00 € mit Zinseszins zu einem Zinssatz von 14 % p. a. geliehen werden.
Nach wie vielen Jahren haben sich die Schulden auf über 2 000,00 € verdoppelt, wenn nichts zurückgezahlt wird.
Hinweis: Behalte jeweils das letzte Ergebnis im Taschenrechner und rechne damit weiter.

5 Herr Neyder bekam bisher pro Jahr 2 % mehr Gehalt und Herr Prediger 0,8 %.
Beide gehen davon aus, dass dies so bleibt.

a) Berechne, mit wie viel Gehalt pro Monat sie rechnen.

	derzeitiger Stand	nach dem 1. Jahr	nach dem 2. Jahr	nach dem 3. Jahr	nach dem 4. Jahr
Herr Neyder	2 000,00 €				
Herr Prediger	2 100,00 €				

b) Berechne, mit welcher Steigerung des Monatsgehalts sie im Vergleich zum Vorjahr rechnen.
Gehe von einem Anfangsgehalt von 2 000,00 € und von 2 100,00 € aus.

	nach dem 1. Jahr	nach dem 2. Jahr	nach dem 3. Jahr	nach dem 4. Jahr	nach dem 5. Jahr
Herr Neyder					
Herr Prediger					

c) Zusatzaufgabe: Berechne, mit wie viel Gehalt beide nach 10 Jahren rechnen.
Nutze dafür z. B. eine Tabellenkalkulation.

Anwenden und Vernetzen

6 Familie Horn hat 10 000 € von den Großeltern geschenkt bekommen.
Das Geld soll für zwei Jahre angelegt werden.
Für welches Angebot sollten sie sich entscheiden? Begründe deine Antwort mit Rechnungen.

Angebot A
Festgeld für 2 Jahre
2,6 % Zinsen p. a.

Angebot B
1. Jahr: 0,9 % Zinsen
2. Jahr: 1,7 % Zinsen

Angebot C
Festgeld für 2 Jahre
2,1 % Zinsen p. a.
Bonus am Ende: 100 €

Angebot D
1. Jahr: 2,8 % Zinsen
2. Jahr: 2,4 % Zinsen
jährliche Zinsauszahlung

Prismen erkennen und beschreiben

▶ Grundwissen

Ein Prisma hat folgende Eigenschaften:
- Die Grund- und Deckfläche sind zueinander deckungsgleiche und parallele Vielecke.
- Die Seitenflächen sind Rechtecke.
- Der Abstand zwischen Grund- und Deckfläche ist die Körperhöhe des Prismas.

Beispiel:

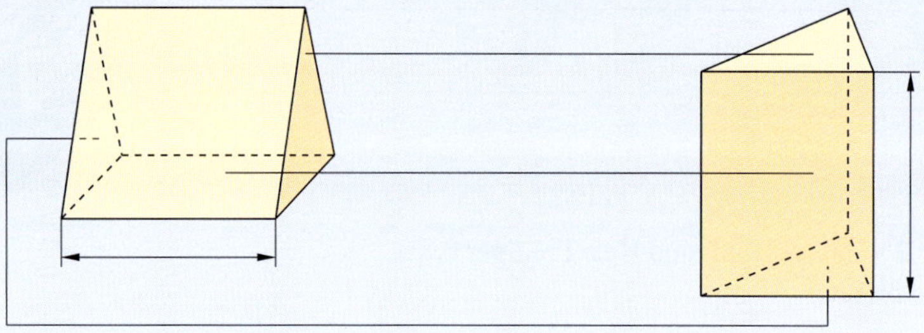

▶ Auftrag: Ergänze die Bezeichnungen auf den Linien.

Trainieren

1 Prüfe, ob die Körper alle Eigenschaften von Prismen haben.

a) Kreuze in den Tabellen die Prismen an.

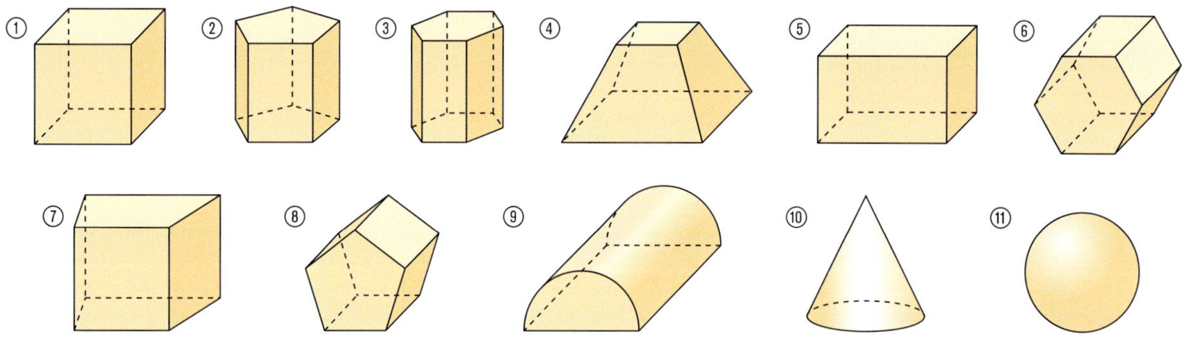

Körper	①	②	③	④	⑤	⑥	⑦	⑧	⑨	⑩	⑪
Prisma											

b) Welche der Buchstaben im Bild haben die Form eines Prismas?

Körper	H	O	L	Z	T	E	C	H	N	I	K
Prisma											

2 Welche der folgenden Flächen können die Grundfläche eines Prismas sein? Markiere sie.

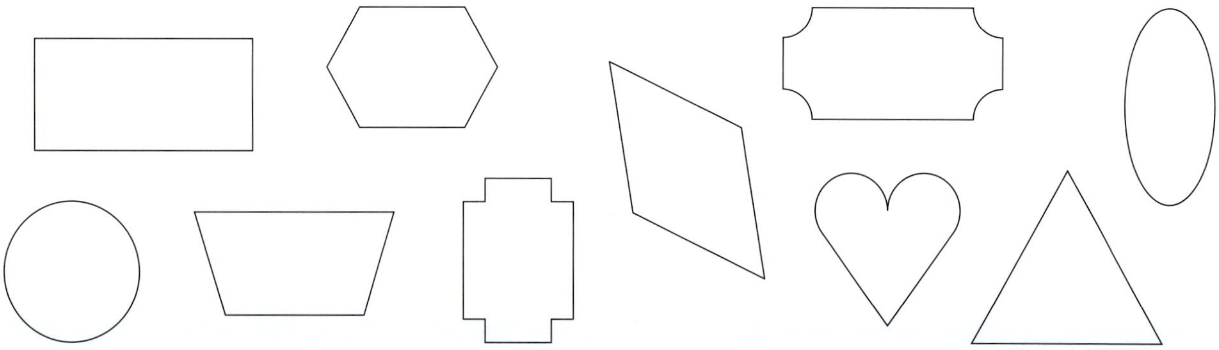

3 Netze

a) Einige der Figuren sind Netze von Prismen.
Färbe in den Netzen von Prismen jeweils die Seitenflächen sowie die Grund- und die Deckfläche ein.
Lege zuvor Farben fest. ☐ Seitenflächen ☐ Grund- und Deckfläche

b) Markiere jeweils in der Zeichnung die Höhe des Prismas.

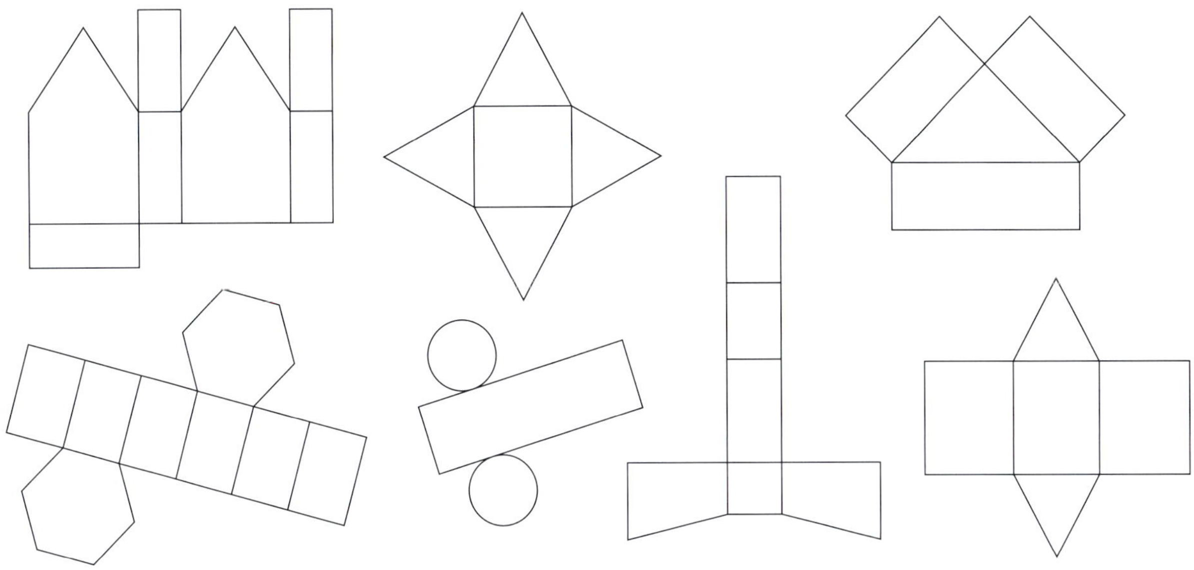

Anwenden und Vernetzen

4 Quaderförmige Holzstücke sind das Ausgangsmaterial für neue Körper.
Zeichne jeweils in das Schrägbild des Quaders die neuen Körper ein.

a) halb so großes, genauso hohes stehendes Prisma mit rechtwinkligem Dreieck als Grundfläche

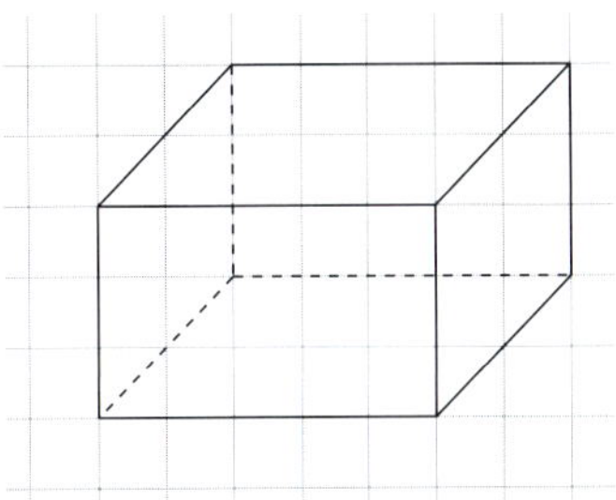

b) halb so großes, genauso hohes liegendes Prisma mit rechtwinkligem Dreieck als Grundfläche

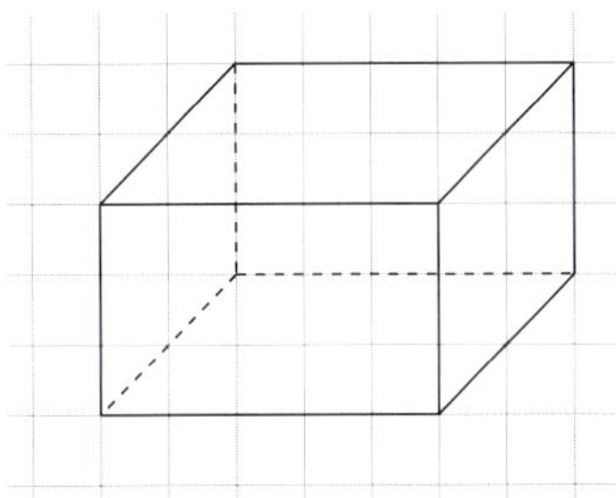

c) halb so großes, genauso hohes liegendes Prisma mit Trapez als Grundfläche

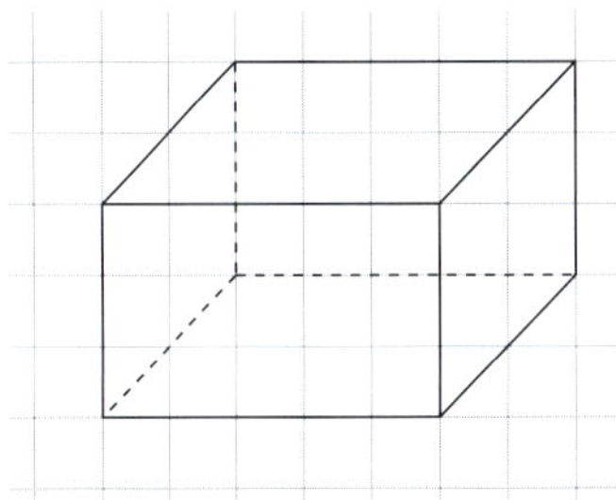

5 Ergänze die Tabelle und skizziere jeweils ein Schrägbild des Körpers.

Körper	Anzahl der …			Art der Begrenzungsflächen
	Ecken	Kanten	Flächen	
①				sechs Rechtecke, von denen jeweils genau zwei zueinander kongruent sind
②				zwei zueinander kongruente Dreiecke und drei zueinander kongruente Rechtecke
③				sechs zueinander kongruente Vierecke

①

②

③

Oberfläche von Prismen

▶ Grundwissen

- Die Oberfläche eines Prismas besteht aus dem Mantel M, der Grund- und der Deckfläche G.
- Für den Flächeninhalt vom Mantel A_M gilt: $A_M = A_1 + A_2 + \ldots + A_n = u \cdot h_k$
- Für den Oberflächeninhalt A_O gilt: $A_O = 2A_G + A_M$

Beispiel:

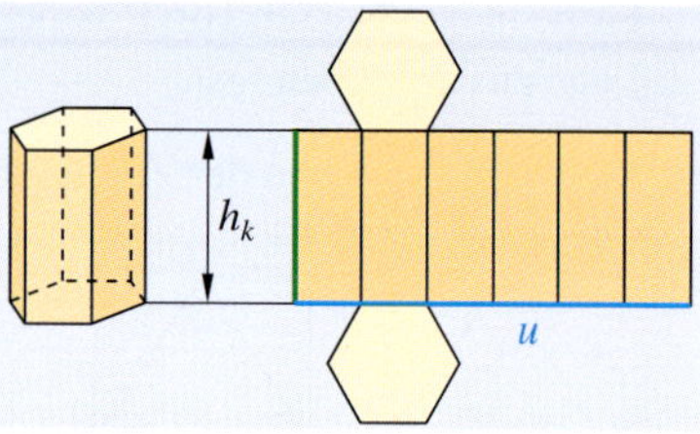

▶ **Auftrag:** Ergänze die Bezeichnungen M und G in der Abbildung.

Trainieren

1

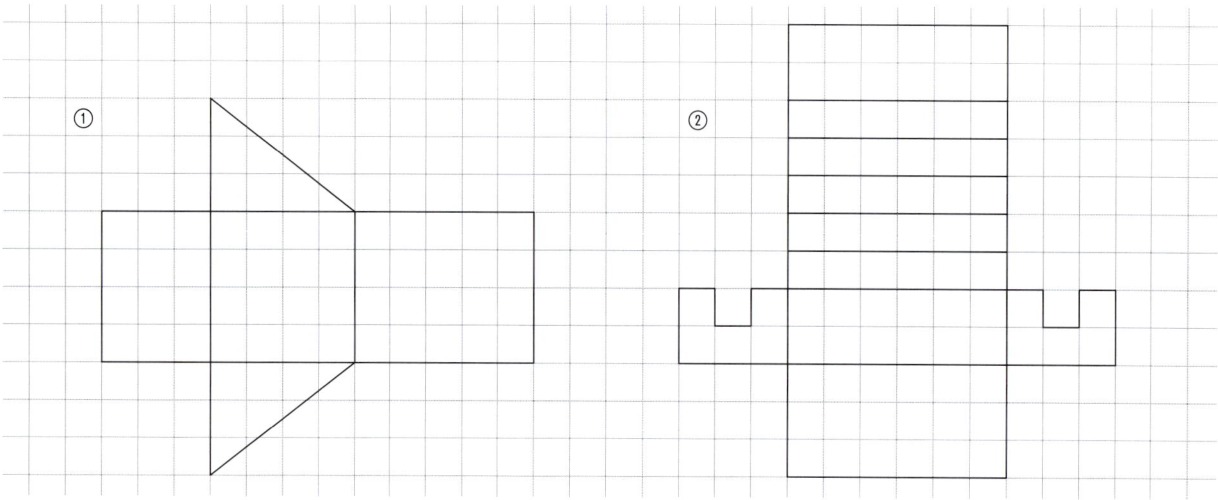

a) Markiere entsprechende Flächen und Strecken. Lege zuvor Farben fest.

☐ Mantel M ☐ Grund- und Deckfläche G
☐ Körperhöhe h_k ☐ Umfang der Grundfläche u

b) Ermittle die Größen.

	h_k	u_G	A_M	A_G	A_O
Prisma ①					
Prisma ②					

2 Gib die Oberflächeninhalte auf volle Quadratzentimeter gerundet an. Miss die benötigten Größen in den Körpernetzen.

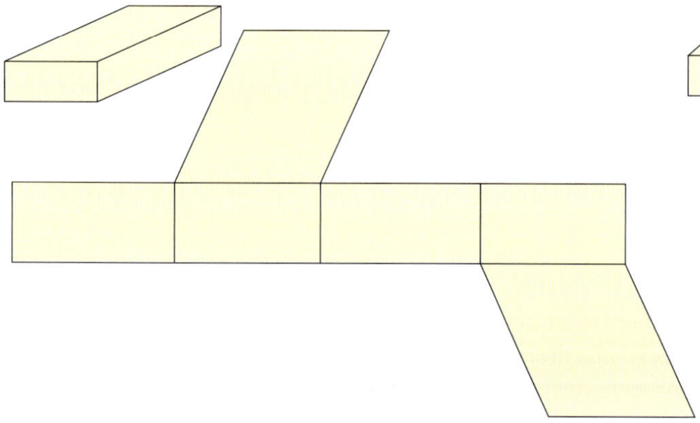

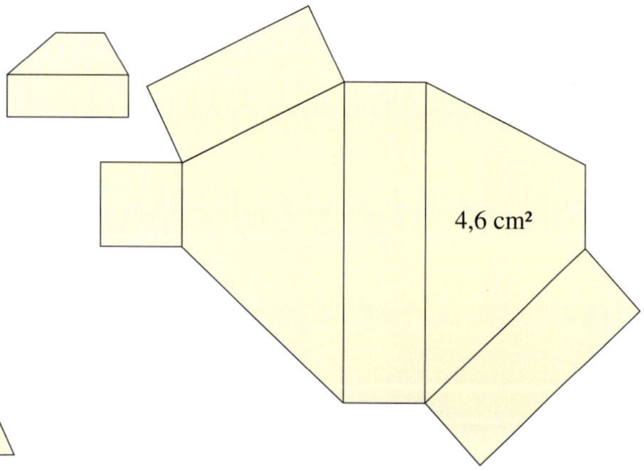

3 Die Grundflächen von 2 cm hohen Prismen wurden im Maßstab 1 : 1 abgebildet. Ergänze die Tabelle.
Hinweis: Rechne auf einem zusätzlichen Blatt.

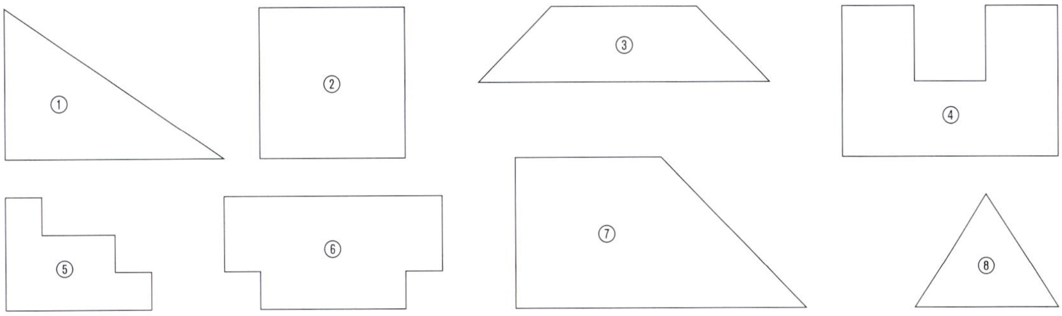

Prisma	①	②	③	④	⑤	⑥	⑦	⑧
Flächeninhalt der Grundfläche in cm^2								
Flächeninhalt der Mantelfläche in cm^2								
Flächeninhalt der Oberfläche in cm^2								

Anwenden und Vernetzen

4 Abgebildet sind zwei Grundflächen von 3 cm hohen Prismen.

a) Ergänze sie zu Schrägbildern.
Hinweis: Trage nach hinten verlaufende Kanten in einem Winkel von 45° und in halber Länge an.

b) Ermittle die Größe der Oberflächen. Runde auf Quadratzentimeter.

Prisma ①: ______________________

____

____

Prisma ②: ______________________

____

____

①

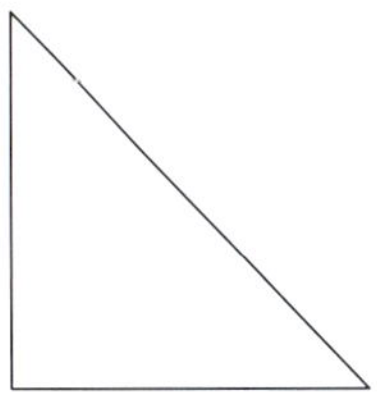

②

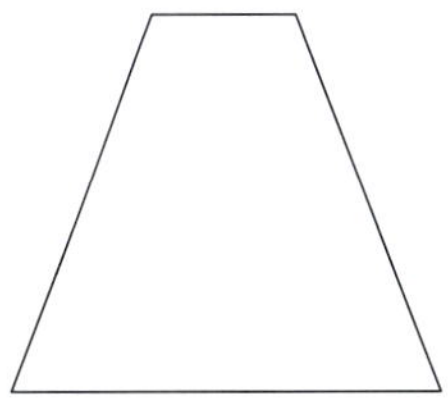

5 Zwei Eisenstützen für einen neuen Balkon sind 2,70 m lang. Sie haben die rechts abgebildete Grundfläche. Vor dem Einbau soll ihre Oberfläche mit Rostschutzmittel gestrichen werden. Die im Fachhandel angebotenen unterschiedlich großen Dosen reichen für $1{,}5\,m^2$ bzw. für $2\,m^2$.
Wie viele Dosen jeder Sorte sollten gekauft werden?

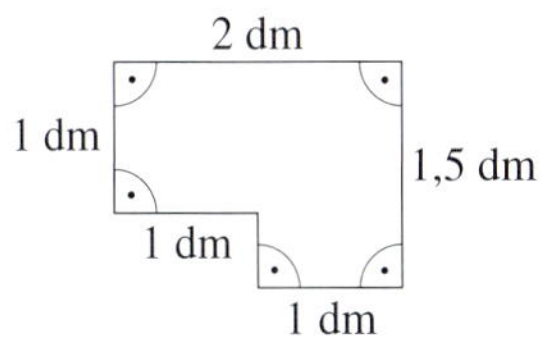

____

____

____

Volumen von Prismen

▶ Grundwissen

Das Volumen V eines Prismas ist das Produkt des Flächeninhalts der Grundfläche A_G und der Körperhöhe h_k.

$V = A_G \cdot h_k$

Beispiel:

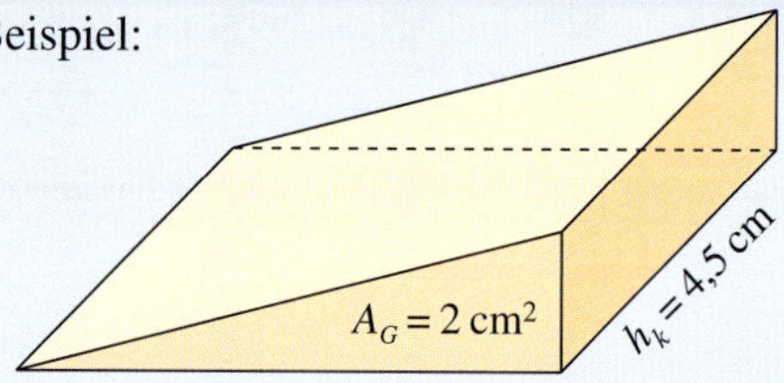

$V =$ ______________________

▶ Auftrag: Berechne das Volumen des Prismas.

Trainieren

1 Abgebildet sind Grundflächen von 4 cm hohen Prismen.

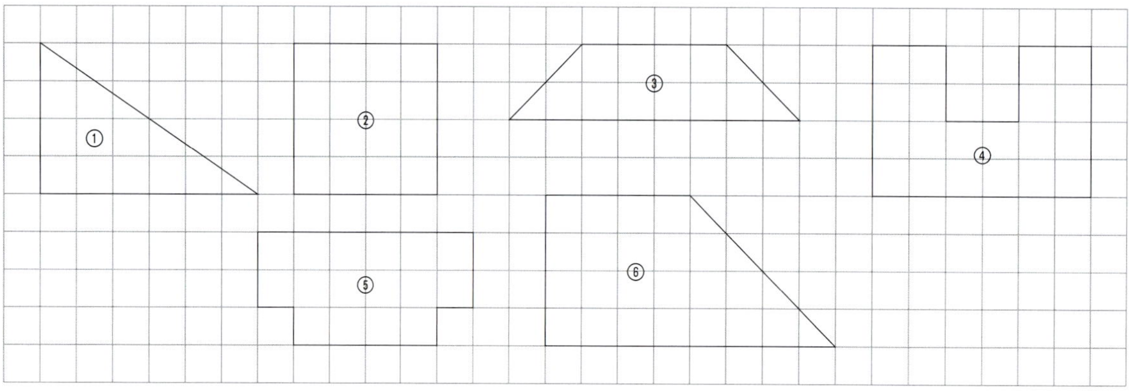

a) Ermittle die Flächeninhalte der Grundflächen mithilfe der Kästchen und berechne die Volumen.

Körper	①	②	③	④	⑤	⑥
Flächeninhalt der Grundfläche						
Körperhöhe	4 cm	4 cm	4 cm	4 cm	4 cm	4 cm
Volumen						

b) Ein Prisma soll jeweils die abgebildete Grundfläche und ein Volumen von $24\,cm^3$ haben. Ergänze die Flächeninhalte der Grundflächen und ermittle die Körperhöhen.

Körper	①	②	③	④	⑤	⑥
Flächeninhalt der Grundfläche						
Körperhöhe						
Volumen	$24\,cm^3$	$24\,cm^3$	$24\,cm^3$	$24\,cm^3$	$24\,cm^3$	$24\,cm^3$

c) Ergänze jeweils die fehlende Größe des Prismas.

Flächeninhalt der Grundfläche	$4\,m^2$	$4\,mm^2$	$1{,}2\,dm^2$	$15\,cm^2$		
Körperhöhe	2,5 m	17 mm			0,8 dm	1,3 m
Volumen			$9{,}6\,dm^3$	$31{,}5\,cm^3$	$0{,}32\,dm^3$	$1{,}69\,m^3$

2 Berechne den Flächeninhalt der Grundfläche A_G und das Volumen V.

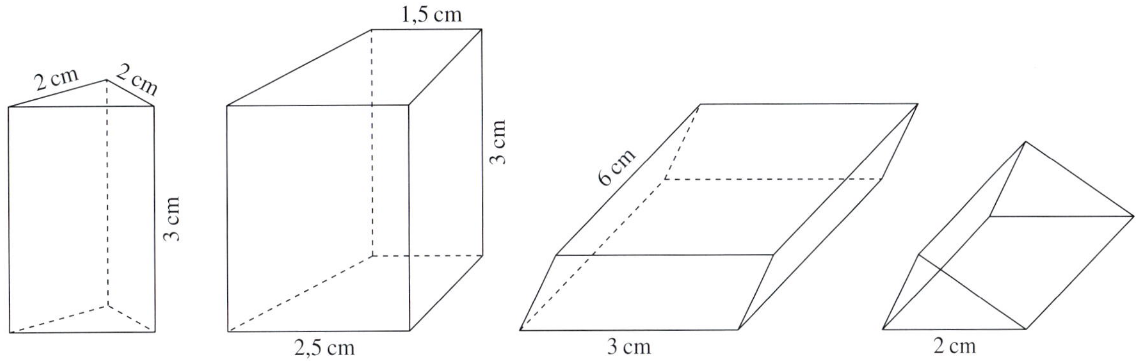

$A_G =$ ______ $A_G =$ ______ $A_G =$ ______ $A_G =$ ______

______ ______ ______ ______

$V =$ ______ $V =$ ______ $V =$ ______ $V =$ ______

______ ______ ______ ______

Anwenden und Vernetzen

3 Überschlage, wie viel Luft das abgebildete Zelt fasst.
Kreuze an.

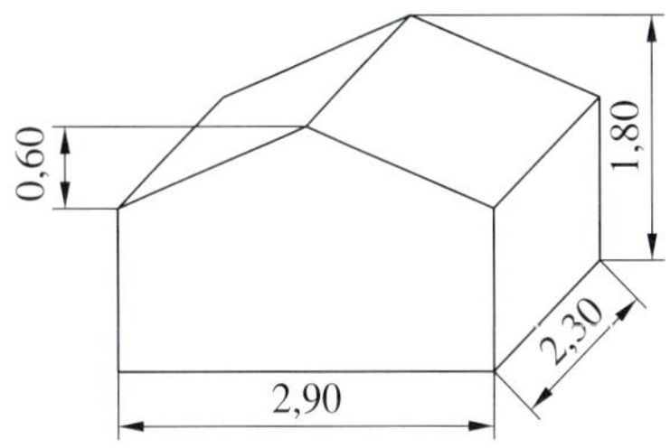

☐ 0,4 m³ ☐ 0,8 m³ ☐ 4 m³ ☐ 10 m³

☐ 15 m³ ☐ 400 dm³ ☐ 800 dm³ ☐ 10 000 dm³

4 Aus einem quaderförmigen Styroporteil mit 1,5 cm, 4 cm und 6 cm langen Kanten wurden Teile ausgestanzt.
Der fertige Körper ist im Bild dargestellt.

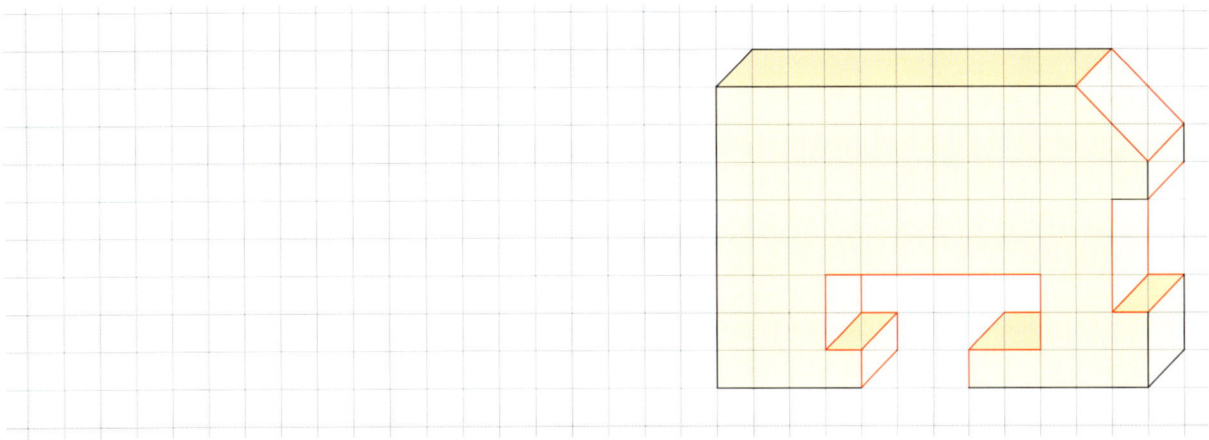

a) Zeichne jeweils ein Schrägbild von jedem der drei ausgestanzten Teile rechts neben den fertigen Körper.

b) Berechne die Volumen der drei ausgestanzten Teile und des fertigen Körpers.

dreiseitiges Prisma: $V =$ ______

vierseitiges Prisma: $V =$ ______

achtseitiges Prisma: $V =$ ______

fertiger Körper: $V =$ ______

Zylinder erkennen und zeichnen

▶ Grundwissen

- Gerade Zylinder sind Körper mit einem Kreis als Grund- und Deckfläche. Grund- und Deckfläche sind zueinander parallel und kongruent.
- Die Seitenfläche ist gekrümmt und ergibt abgerollt ein Rechteck. Das ist der Mantel.
- Der Abstand zwischen Grund- und Deckfläche ist die Höhe des Zylinders.

Beispiel: Schrägbilder verschiedener Zylinder

▶ Auftrag: Ergänze die Fachbegriffe.

Trainieren

1 Teile mit der Form eines Zylinders

a) Wie viele zylinderförmige Holzteile wurden anscheinend verbaut? ________

b) Wie viele Grund- bzw. Deckflächen zylinderförmiger Holzteile sind ganz oder teilweise auf dem Foto zu sehen? ________

c) Das Flugzeug ist ca. 15 cm lang. Welches zylinderförmige Teil ist etwa 5 mm hoch? ________

d) Woran erkennt man, dass der Flugzeugrumpf kein Zylinder ist?

____

____

2 Zylinder im Alltag

a) Kreuze alle Gegenstände an, die oft die Form eines Zylinders haben.

☐ geschlossene Konservendose ☐ neuer, nicht angespitzter Bleistift ☐ Kugelschreiber

☐ Säulen an alten Gebäuden ☐ Besenstiel ☐ Milchverpackung

b) Nenne fünf zylinderförmige Gegenstände aus deiner Umgebung.

____

____

____

3 Ein zylinderförmiger Körper wurde von oben fotografiert (in der Draufsicht). Was kann auf dem Foto zu sehen sein? Kreuze an.

☐ Kreis ☐ Dreieck ☐ Viereck ☐ Fünfeck ☐ Rechteck ☐ Quadrat

4 Ergänze jeweils zu Schrägbildern von gleich großen Kreidestücken und gib deren Maße an. Hinweis: Zeichne die passenden Kreise wie im Grundwissen.

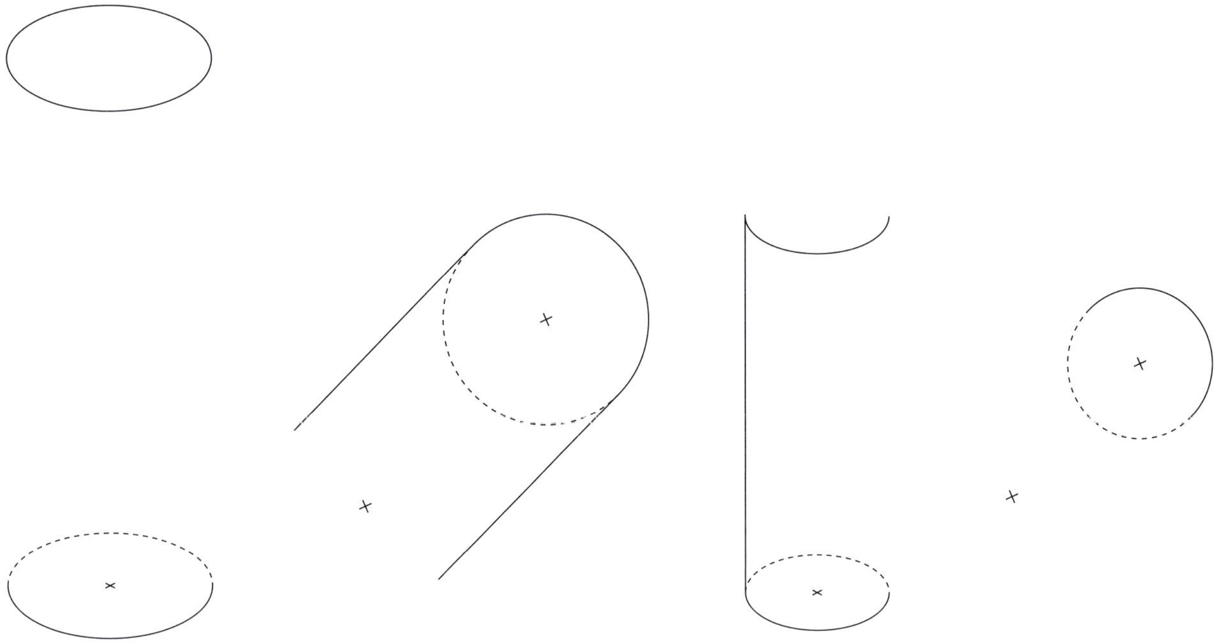

Höhe des Zylinders: ____________ Höhe des Zylinders: ____________

Radius der Grundfläche: ____________ Radius der Grundfläche: ____________

Anwenden und Vernetzen

5 Von mehreren Grundformen von Körpern wurden die Sicht von oben (Draufsicht) und die von der Seite (Seitenansicht) im Maßstab 1 : 1 abgebildet. Abbildungen mit der gleichen Nummer gehören zum gleichen Körper.

Draufsichten

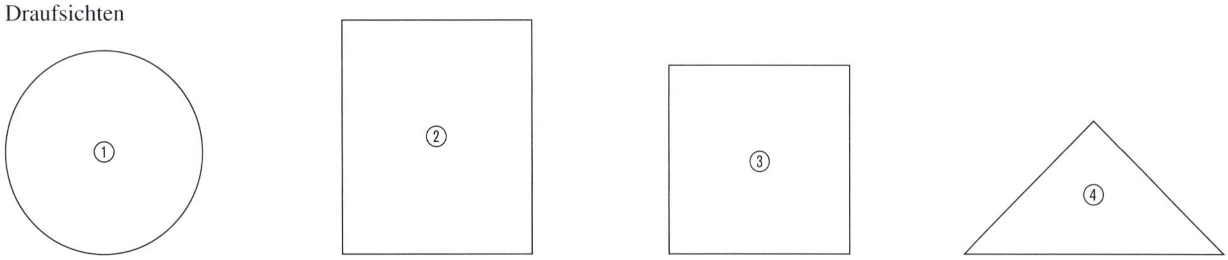

Seitenansichten

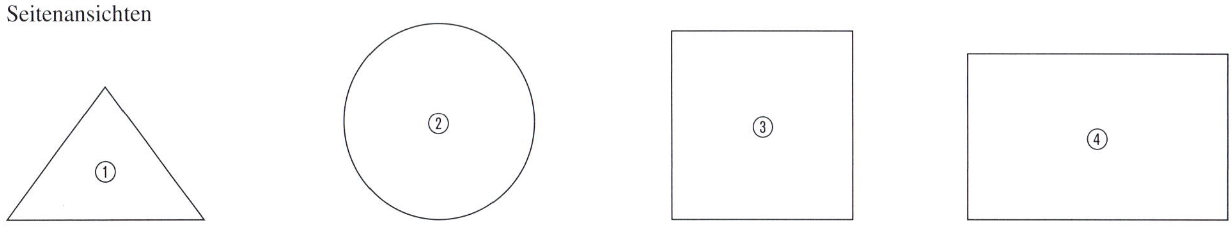

____________ ____________ ____________ ____________

a) Ergänze die Namen der Grundformen.
Zusatzaufgabe: Gib, wenn möglich, mehrere passende Bezeichnungen an.

b) Zeichne rechts ein Schrägbild vom Körper ②.

Oberflächeninhalte von Zylindern

▶ Grundwissen

- Für den Oberflächeninhalt A_O gilt:

$A_O =$ ______________________

$A_G =$ ______________________

$A_M =$ ______________________

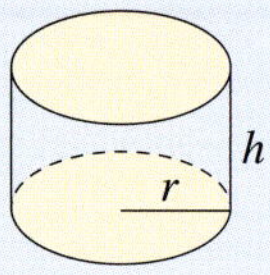

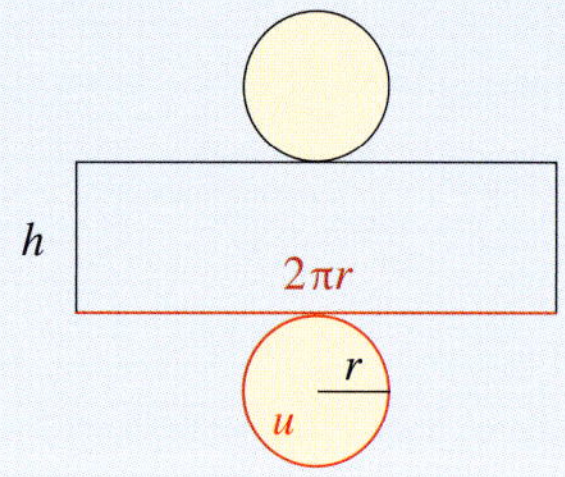

▶ **Auftrag:** Ergänze die Formeln.

Trainieren

1 Netz und Oberflächeninhalt eines Zylinders

a) Vervollständige das Netz des abgebildeten Zylinders im Maßstab 1 : 100.

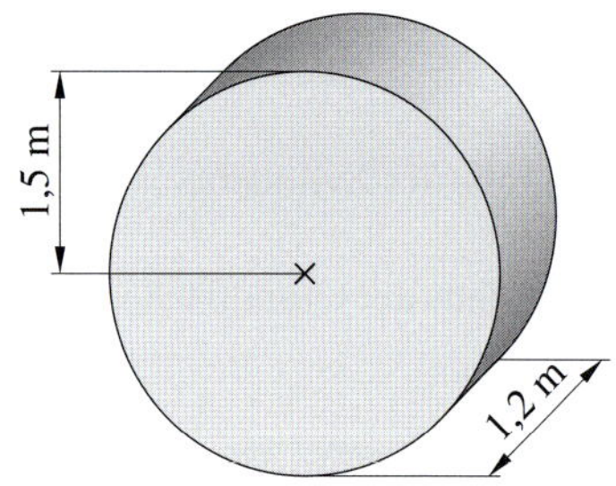

b) Gib den Flächeninhalt einer Grundfläche, der Mantelfläche und der Oberfläche des Zylinders an.

$A_G =$ $A_M =$ $A_O =$

2 Vervollständige die Tabelle.

Radius	Durchmesser	Flächeninhalt der Grundfläche	Höhe	Flächeninhalt der Mantelfläche	Flächeninhalt der Oberfläche
17 cm			5,5 cm		
1,2 m			70 cm		
	0,6 cm		5,6 m		
	148 mm		12 mm		

3 Grundflächen und Mantelflächen

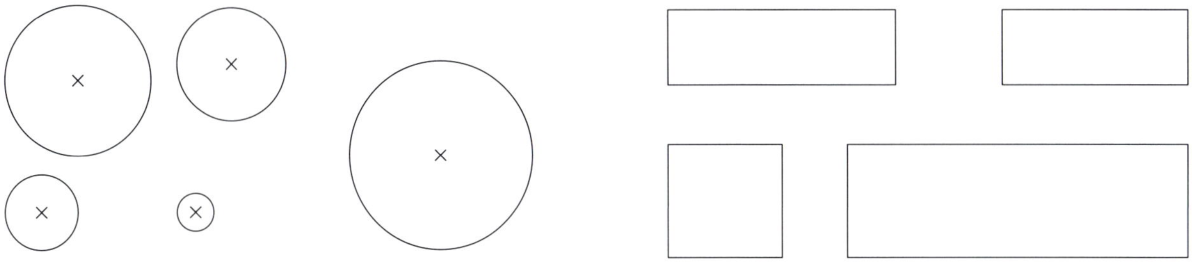

a) Zu welchen drei Grundflächen von Zylindern sind passende Mantelflächen abgebildet?

b) Berechne die Oberflächeninhalte der Zylinder aus Teilaufgabe **a**.
Runde die Endergebnisse auf volle Quadratzentimeter.

c) Zu zwei Grundflächen passt keine der Mantelflächen.
Wie lang müsste das übrig gebliebene Rechteck sein, damit es die zugehörige Mantelfläche ist?

Anwenden und Vernetzen

4 Eine Litfaßsäule hat einen Durchmesser von 1,2 m. Ihre Klebefläche ist 3 m hoch.
Wie viele bedruckte DIN-A4-Blätter könnten darauf höchstens geklebt werden, ohne dass deren Inhalte verdeckt sind?
Hinweis: Jede Seite des Arbeitsheftes hat DIN-A4-Format.

5 Um einen Zylinder wurde in zwei vollständigen Umläufen eine Schnur gewunden.
Er hat eine Höhe von $h = 3\,\text{m}$ und einen Durchmesser von $d = 50\,\text{cm}$.
Im Bild sind der Zylinder und sein abgewickelter Mantel skizziert.

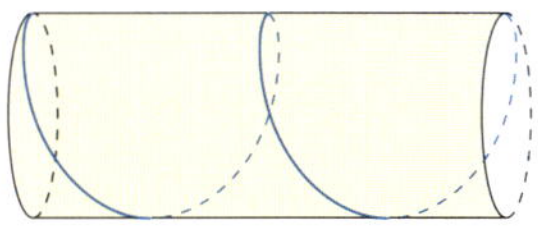

a) Gib den Oberflächeninhalt des Zylinders an.

b) Zeichne den Verlauf der Schnur in den abgewickelten Zylindermantel ein.

c) Kreuze die Länge der Schnur an.

☐ ca. 3 m ☐ ca. 4 m ☐ ca. 5 m ☐ ca. 6 m

Volumen von Zylindern

▶ **Grundwissen**

Das Volumen V eines Zylinders ist das Produkt des Flächeninhalts der Grundfläche A_G und der Körperhöhe h_k.

$V = \pi \cdot r^2 \cdot h_k$ bzw. $V = A_G \cdot h_k$ mit $A_G = \pi \cdot r^2$

Beispiel: $V =$ ____________________

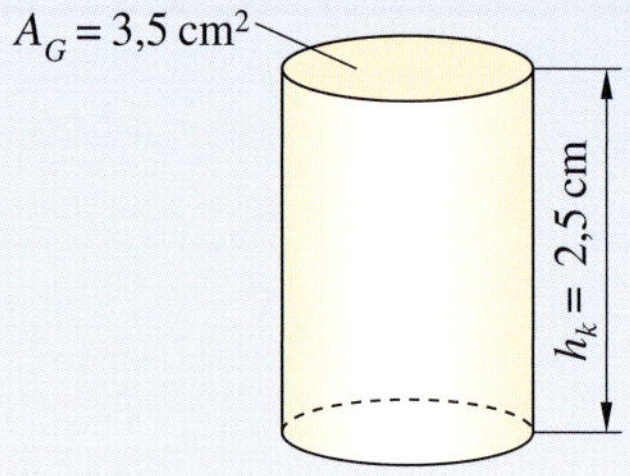

▶ **Auftrag:** Ergänze das Beispiel.

Trainieren

1 Abgebildet sind Grundflächen von 4 cm hohen Zylindern. Ermittle jeweils das Volumen V.

a) 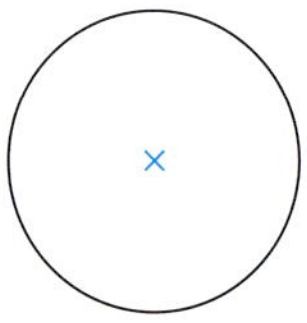

b) 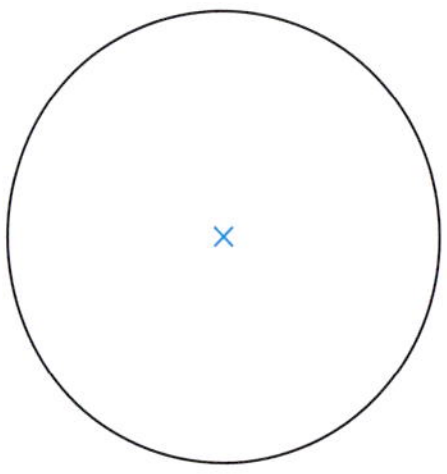

c) 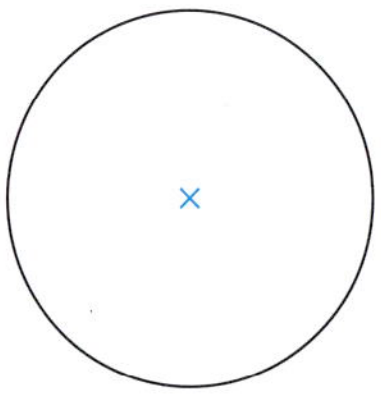

a) $V \approx$ ____________

b) $V \approx$ ____________

c) $V \approx$ ____________

Ergebnisse zum Abstreichen:
1,5
1
1,25
12,6
19,6
28,3
13,7

2 Ergänze die Tabelle für Zylinder.

Radius	Durchmesser	Grundfläche	Höhe	Volumen
5 cm			8 cm	
	5 mm			$62{,}82\ \text{mm}^3$
6,2 m			15,32 m	
	2 dm			$11{,}30\ \text{dm}^3$

3 Aus einem Glas wurde mehrmals getrunken. Anfangs waren 200 ml Wasser darin (1. Bild).

a) Schätze, wie viel Wasser jeweils im Glas ist.

1. Bild	2. Bild	3. Bild	4. Bild	5. Bild
200 ml				

b) Gib Innenlängen von Gläsern an, die genau 200 ml fassen.

____

____

4 Zwei zylinderförmige Kochtöpfe sind gleich hoch. Der Durchmesser des zweiten Topfes ist doppelt so groß wie der des kleineren.

a) Berechne die Volumen beider Töpfe, wenn der kleinere 12 cm hoch ist und einen Durchmesser von 13 cm hat. Gib die Ergebnisse in Litern an.

b) Wievielmal größer ist das Volumen des größeren Topfes vermutlich? Zusatzaufgabe: Begründe deine Vermutung.

5 Eine zylinderförmige Regentonne soll laut Etikett ein Fassungsvermögen von 0,5 m^3 haben. Als Höhe sind auf der Regentonne 1,10 m eingeprägt und als Durchmesser 76 cm.

a) Passt das Etikett zu der Regentonne?

b) An einem Tag wird die bis dahin leere Tonne halb voll. Wie viel Wasser ist in der Tonne?

Anwenden und Vernetzen

6 Das in der Zeichnung dargestellte Werkstück wurde an der Dreh- und Fräsmaschine gefertigt. Als Rohling wurde ein Zylinder mit einem Durchmesser von $d = 40$ mm und einer Höhe von $h = 55$ mm verwendet.

a) Berechne das Volumen V des Werkstückes. Hinweis: Zerlege das Werkstück in drei Teilkörper.

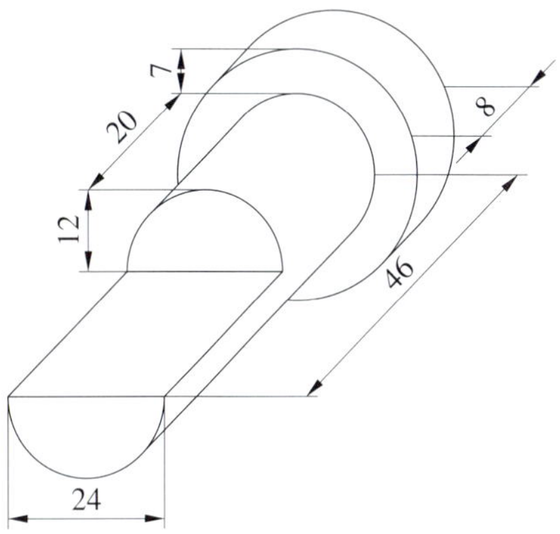

b) Wie viel Prozent vom Rohling (Zylinder) wurden zu Abfall?

7 Ordne mithilfe von Linien Körpern Formeln zu.

Prisma	Zylinder

$A_M = A_1 + A_2 + \ldots + A_n$	$V = A_G \cdot h_k$	$A_O = 2A_G + A_M$	$V = \pi \cdot r^2 \cdot h_k$

Zufallsexperimente und Wahrscheinlichkeiten

▶ Grundwissen

- Nach einer großen Anzahl von Versuchen ändert sich bei einem Zufallsexperiment die relative Häufigkeit durch weitere Versuche nur noch wenig. (Gesetz der großen Zahlen)
- Bei einer großen Anzahl von Versuchen ist die relative Häufigkeit ein Schätzwert für die Wahrscheinlichkeit eines Ausgangs.

Beispiel: „Rot“ würfeln.

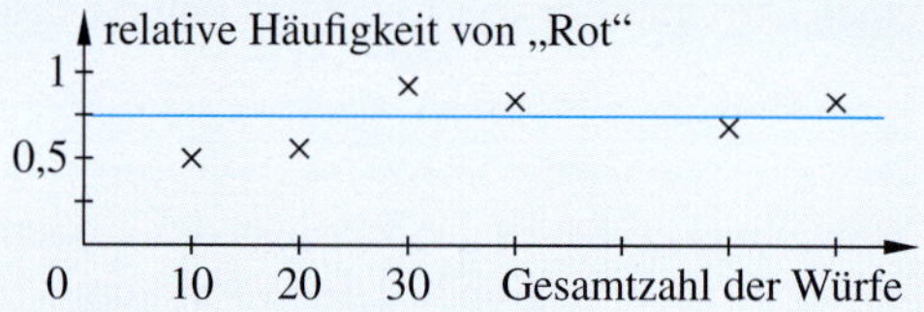

Ein Schätzwert für die Wahrscheinlichkeit von „Rot“ ist ________

▶ Auftrag: Gib einen Schätzwert für die Wahrscheinlichkeit von „Rot“ an.

Trainieren

1 Kreuze zuerst die Zufallsexperimente an. Gib danach gegebenenfalls die möglichen Ausgänge an.
Zusatzaufgabe: Sind die Ausgänge eines der Zufallsexperimente gleichwahrscheinlich?

☐ Kiara schaut, ob die Autoampel „Grün“ zeigt. ________________

☐ Philip schreibt den Betrag von –13 richtig auf. ________________

☐ Nele schaut aus dem Fenster, ob es regnet. ________________

☐ Viktor begegnet Viktoria an einem Wochentag. ________________

2 Würfeln mit zehnseitigen Würfeln

a) Ermittle die relativen Häufigkeiten der „6“.

Anzahl der Versuche	10	50	100	150	200	250	300	350	400
absolute Häufigkeit	0	5	10	18	22	24	29	34	43
relative Häufigkeit									

b) Veranschauliche zuerst die relativen Häufigkeiten der „6“ im Diagramm.
Schätze danach, mit welcher Wahrscheinlichkeit eine „6“ fällt. Zeichne dazu eine Linie ein.

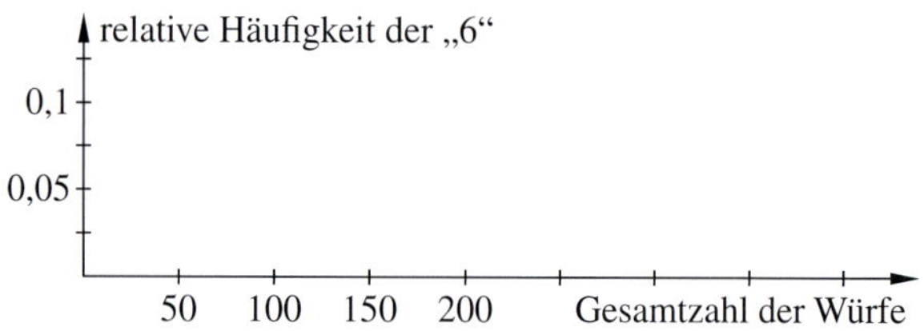

c) Ermittle die relativen Häufigkeiten, „zwei gleiche Augenzahlen“ mit zwei Würfeln zu erhalten.

Anzahl der Versuche	10	50	100	150	200	250	300	350	400
absolute Häufigkeit	1	3	6	10	10	13	15	24	29
relative Häufigkeit									

d) Veranschauliche zuerst die relativen Häufigkeiten „zweier gleicher Augenzahlen“ im Diagramm.
Schätze danach, mit welcher Wahrscheinlichkeit die Augenzahlen gleich sind. Zeichne dazu eine Linie ein.

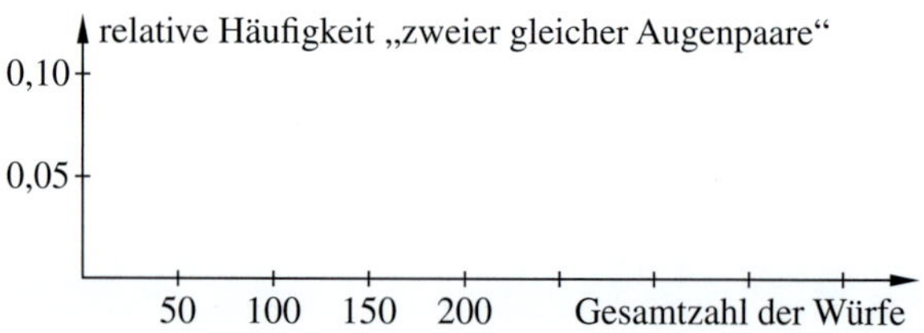

3 Ist die Wahrscheinlichkeit „0“ oder „1“ oder zwischen „0 und 1“? Kreuze an.

	0 %	50 %	100 %
a) Ein zufällig ausgewählter Schüler hat morgen Geburtstag.	☐	☐	☐
b) Ein zufällig ausgewählter Schüler hat in den nächsten 13 Monaten Geburtstag.	☐	☐	☐
c) Ein zufällig ausgewählter Schüler hat sechs mal Geburtstag in einem Schuljahr.	☐	☐	☐
d) Ein zufällig ausgewählter Schüler hat eine Schwester.	☐	☐	☐
e) Ein zufällig ausgewählter Schüler hat keinen Bruder.	☐	☐	☐
f) Ein zufällig ausgewählter Schüler hat drei Mütter.	☐	☐	☐
g) Ein zufällig ausgewählter Schüler hat heute verschlafen.	☐	☐	☐
h) Ein zufällig ausgewählter Schüler deiner Klasse ist älter als 9 Jahre.	☐	☐	☐

Anwenden und Vernetzen

4 Gleichzeitiges Würfeln mit einem Würfel und einem Quader mit den Ziffern „1“ bis „6“
Hinweis: Nimm als Quader z. B. einen Radiergummi oder einen Baustein.

a) Ermittle die absoluten Häufigkeiten der Augensummen bei jeweils 50 Versuchen.
Hinweis: Erfasse die Anzahl der Versuche mit einer Strichliste auf einem zusätzlichen Blatt.

	50 Versuche	50 Versuche	50 Versuche	50 Versuche	50 Versuche	50 Versuche	50 Versuche	50 Versuche
„Summe 2“								
„Summe 3“								
„Summe 4“								
„Summe 5“								
„Summe 6“								
„Summe 7“								
„Summe 8“								
„Summe 9“								
„Summe 10“								
„Summe 11“								
„Summe 12“								

b) Ermittle die relativen Häufigkeiten der insgesamt „häufigsten Augensumme“ beider Würfel.

Anzahl der Versuche	50	100	150	200	250	300	350	400
absolute Häufigkeit								
relative Häufigkeit								

c) Stell dir vor, dass das Experiment mit zwei regulären sechsseitigen Würfeln durchgeführt wurde.
Sind die Summen gleichwahrscheinlich?
Zusatzaufgabe: Vergleiche die Wahrscheinlichkeiten.

Wahrscheinlichkeiten bei Laplace-Experimenten

▶ Grundwissen

Für Zufallsexperimente, bei denen alle Ergebnisse gleichwahrscheinlich sind, nennt man Laplace-Experimente.

Es gilt: Wahrscheinlichkeit eines Ereignisses = $\frac{\text{Anzahl der günstigen Ergebnisse}}{\text{Anzahl aller möglichen Ergebnisse}}$

Beispiel: Würfeln keiner „1“; „2“; „3“ oder „4“

Anzahl der für das Ereignis günstigen Ergebnisse: ____________________

Anzahl aller möglichen Ergebnisse: ____________________

P (Würfeln keiner „1“; „2“; „3“ oder „4“) ____________________

▶ Auftrag: Ergänze das Beispiel.

Trainieren

1 Die Spieler beim „Mensch ärgere dich nicht“ haben zwei Ziele.
Sie wollen mit dem nächsten Wurf mit einem Mal Würfeln einen Stein ins Ziel bringen oder einen Stein eines Gegners „rauswerfen“. Im Zielbereich darf ein Stein übersprungen werden.

a) Welche Augenzahl ist beim nächsten Wurf demzufolge jeweils ein günstiges Ergebnis?

Günstiges Ergebnis, wenn „Gelb“ als Nächstes würfelt.

____

Günstiges Ergebnis, wenn „Schwarz“ als Nächstes würfelt.

____

Günstiges Ergebnis, wenn „Rot“ als Nächstes würfelt.

____

b) Ermittle die Wahrscheinlichkeiten.

Ein gelber Stein kommt beim nächsten Wurf im Ziel an. ____________________

Ein roter Stein kommt beim nächsten Wurf im Ziel an. ____________________

Ein roter Stein wirft beim nächsten Wurf einen schwarzen Stein raus. ____________________

Kein schwarzer Stein kann beim nächsten Wurf bewegt werden. ____________________

2 Aus einem vollständigen Skatspiel wird eine Karte gezogen.
Gib die Wahrscheinlichkeiten der Ereignisse an.

a) Eine Pik-Karte wird gezogen. ____________________

b) Ein König wird gezogen. ____________________

c) Eine Herz-Karte, die kein Ass ist, wird gezogen. ____________________

d) Eine Herz-Karte oder eine Pik-Karte wird gezogen. ____________________

3 Peter und Paul spielen mit einem 20-seitigen Spielwürfel.
Schreibe jeweils die Wahrscheinlichkeit des Ereignisses auf.
Hinweis: Schreibe die günstigen Ergebnisse auf.

a) Mit welcher Wahrscheinlichkeit fällt eine gerade Zahl?

b) Mit welcher Wahrscheinlichkeit fällt eine durch 6 teilbare Zahl?

c) Mit welcher Wahrscheinlichkeit fällt eine Zahl, die man nicht durch 7 teilen kann?

d) Mit welcher Wahrscheinlichkeit fällt eine Quadratzahl?

e) Mit welcher Wahrscheinlichkeit fällt eine Zahl, die durch 5 oder durch 8 teilbar ist?

f) Mit welcher Wahrscheinlichkeit fällt eine Primzahl?

Anwenden und Vernetzen

4 Peter und Paul wetten beim Würfeln mit einem 20-seitigen Würfel.
Peter gewinnt, wenn die Zahl größer als 12 ist. Paul gewinnt, wenn die Zahl durch 3 teilbar ist.
Ist das fair? Begründe.

5 In einer Kiste sind mehrere Karten. Auf 5 Karten ist ein Quadrat, auf 7 Karten ist ein Rechteck, auf 9 Karten ist ein unregelmäßiges Dreieck und auf 4 Karten ist ein Kreis abgebildet.
Es wird jeweils nur eine Karte aus der Kiste gezogen. Danach wird diese zurückgelegt.
Gib jeweils die Wahrscheinlichkeit des Ereignisses in drei unterschiedlichen Schreibweisen an.

a) Die Innenwinkelsumme der Figur auf der Karte beträgt 360°.

b) Eine Karte ohne Kreis wird gezogen.

c) Eine Karte mit einer symmetrischen Figur wird gezogen.

d) Die Wahrscheinlichkeit eines Ereignisses beträgt 56 %. Welches Ereignis kann dies sein?

Kapitel Terme und Gleichungen

1 Vereinfache.

a) $a + a + a =$ 3a

b) $7a + a + 7b =$ 8a + 7b

c) $c \cdot c \cdot c \cdot c =$ 4c

d) $3c \cdot 7c =$ 21c²

e) $3e + e \cdot f - 2e =$ e + ef

f) $3c^2 + 7f^2 - c \cdot c =$ 2c² + 7f²

g) $3g + (7 - 2g) =$ 21g − 6g²

h) $6g - (4g + 8) =$ 2g − 8

2 Setze „=“ bzw. „≠“ ein und unterstreiche gegebenenfalls im rechten Term den Fehler.

a) $7 \cdot (5a + 4)$ ≠ $7 \cdot 5a + 5a \cdot 4$

b) $(1 + 2a) \cdot 3b$ = $3b + 6ab$

c) $(1 - 4t) \cdot (4 - t)$ ≠ $4 - t + 16t + t^2$

d) $(2 - 4s) \cdot (2 - 4s)$ ≠ $4 - 16s + 4s^2$

e) $(3r + 9s)^2$ = $9r^2 + 54rs + 81s^2$

f) $(7 - 7n) \cdot (7 + 7n)$ = $49 + 49n^2$

3 Multipliziere.

a) $10 \cdot (7 + 4a) =$ 70 + 40a

b) $-7b \cdot (6 - 4a) =$ −42

c) $(3b - 11c + 4) \cdot 5a =$ 15ab − 55ac + 20a

d) $(3d - 4) \cdot (3d - 4) =$

e) $(9e + 8s) \cdot (9e + 8s) =$ 9e² + 72es + 72es + 64s²

f) $(0{,}3 - 0{,}2f) \cdot (0{,}3 + 0{,}2f) =$

g) $(1{,}1 - 2g) \cdot (1{,}1 - h) =$ 1,21 − 1,1h − 2,2g + 2hg

h) $(0{,}6 - 4h) \cdot (4h + 0{,}6) =$

4 Ermittle die Lösungen.

a) $7x - 4 = 3$

b) $12x - 15 = 4x + 1$

c) $3x - 17 + 12x = -5x + 17$

5 Mit den Formeln kann man Umfänge von Flächen berechnen.
Forme jeweils nach a um.

a) Umfang vom Quadrat

$u = 4 \cdot a$

b) Umfang vom Rechteck

$u = 2 \cdot (a + b)$

c) Umfang vom gleichschenkligen Trapez

$u = 2 \cdot a + b + c$

Kapitel Ähnlichkeit

1 Ergänze die Tabelle.

	Stadtplan	Fahrradkarte	Straßenatlas	Deutschlandkarte	Weltkarte
Maßstab	1 : 20 000			1 : 1 000 000	1 : 10 000 000
Länge in der Wirklichkeit		2 km	20 km	200 km	200 km
Länge auf der Karte	10 cm	4 cm	10 cm		

2 Figuren mit Gemeinsamkeiten

a) Welche der Figuren ist eine maßstäbliche Vergrößerung einer kleineren Figur?

____

b) Gib den Maßstab und den Streckungsfaktor der Vergrößerung an.

Maßstab: ______ Streckungsfaktor: ____

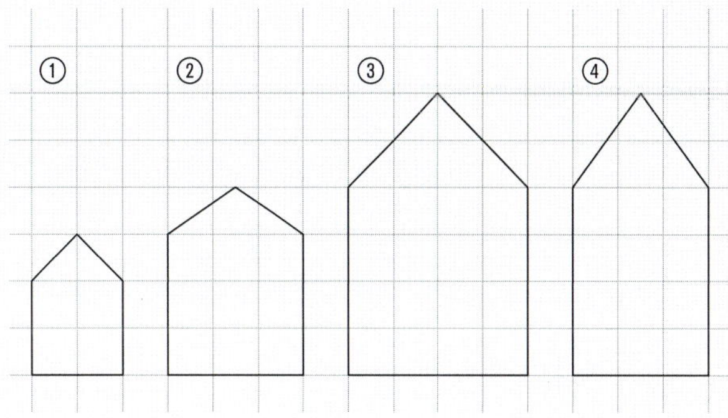

3 Kreuze die im geometrischen Sinn zueinander ähnlichen Figuren an.

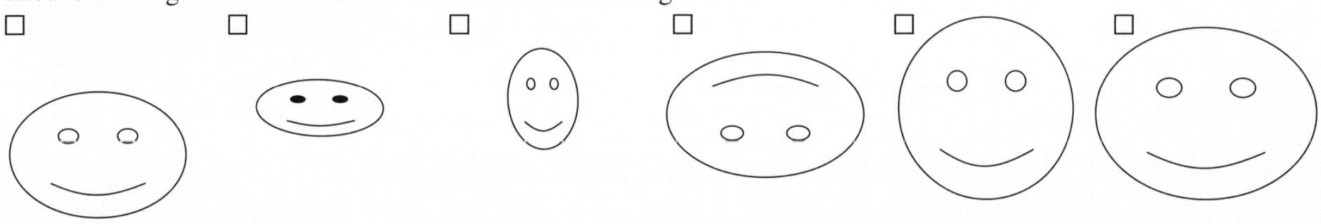

4 Das Streckungszentrum ist der Punkt Z und der Streckungsfaktor ist $k = \frac{1}{4}$.
Zeichne das entsprechende Bild der Figur.

Kapitel Funktionen und Gleichungssysteme

1 Lineare Funktionen

① ______________________

x	-3	-1	0	1	2	3
y			0	2	4	

② ______________________

x	-3	-1	0	1	2	3
y			-4	-6	-8	

③ ______________________

x	-4	-2	0	1	2	4
y			2	2,25	2,5	

④ ______________________

x	-4	-2	0	1	2	4
y			2	2		

a) Ergänze die Wertetabellen zu linearen Funktionen.

b) Zeichne die Graphen der Funktionen.

c) Ordne jeder Wertetabelle und jedem Graphen eine der folgenden Funktionsgleichung zu.

$y = \frac{1}{4}x + 2$
$y = 2x$
$y = 2$
$y = -2x - 4$

d) Gib die Lösung des Gleichungssystems an.

I $y = -2x - 4$

II $y = 2x$ Lösung: ________

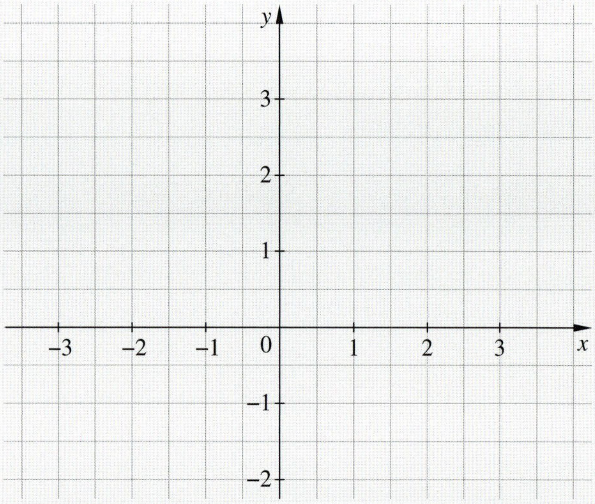

2 Gegeben ist die Gleichung $8x + 2y = 10$.

a) Ergänze die Lösungspaare.

$(2\,|$ ____ $)$ $($ ____ $|\,5)$

b) Prüfe, ob das Wertepaar $(-3\,|\,2)$ Lösung der linearen Gleichung ist.

____

3 Tuna bekommt seit der ersten Klasse Taschengeld. Dieses stieg jedes Jahr um den gleichen Betrag.

Klasse	2	4	6	8	10
Betrag in €	5		11	14	

a) Ergänze die fehlenden Werte in der Tabelle.

b) Trage die passenden Punkte im Koordinatensystem ein.

c) Kreuze die passende Funktionsgleichung der Form $y = ax + b$ an.

☐ $y = 3x + 5$ ☐ $y = 5x + 3$
☐ $y = 3x + 2$ ☐ $y = 2x + 5$
☐ $y = 1{,}5x + 5$ ☐ $y = 1{,}5x + 2$

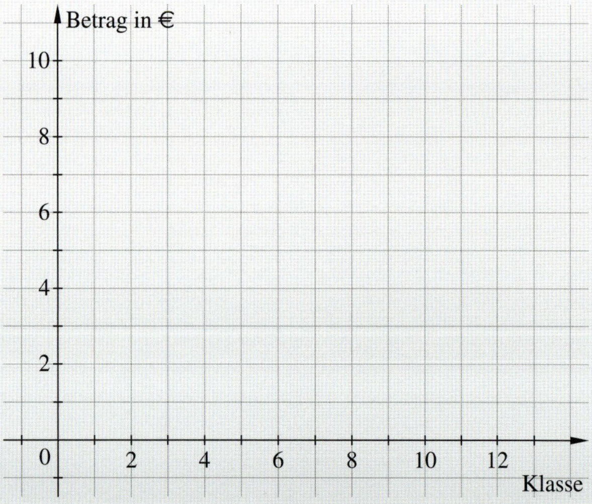

Kapitel Satz des Pythagoras

1 Quadriere im Kopf.

a) $0{,}2^2 =$ ______ b) $300^2 =$ ______ c) $10^2 =$ ______ d) $0{,}08^2 =$ ______

e) $0{,}5^2 =$ ______ f) $60^2 =$ ______ g) $7^2 =$ ______ h) $12^2 =$ ______

2 Berechne im Kopf.

a) $\sqrt{81} =$ ______ b) $\sqrt{36} =$ ______ c) $\sqrt{0{,}0004} =$ ______ d) $\sqrt{0{,}09} =$ ______

e) $\sqrt{10000} =$ ______ f) $\sqrt{0{,}16} =$ ______ g) $\sqrt{4900} =$ ______ h) $\sqrt{2{,}25} =$ ______

3

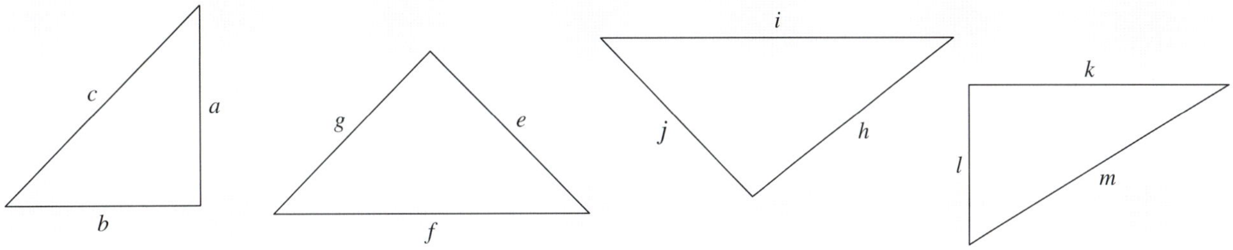

a) Markiere in den rechtwinkligen Dreiecken mit unterschiedlichen Farben jeweils die Hypotenusen und die Katheten.

☐ Hypotenusen ☐ Katheten

b) Kreuze alle passenden Formeln an.

☐ $c^2 + a^2 = b^2$ ☐ $c^2 = a^2 + b^2$ ☐ $g^2 + g^2 = f^2$ ☐ $f^2 = g^2 + e^2$

☐ $j^2 + h^2 = i^2$ ☐ $i^2 + j^2 = k^2$ ☐ $k^2 + l^2 = m^2$ ☐ $m^2 - k^2 = l^2$

4 Berechne die Längen von h und x.

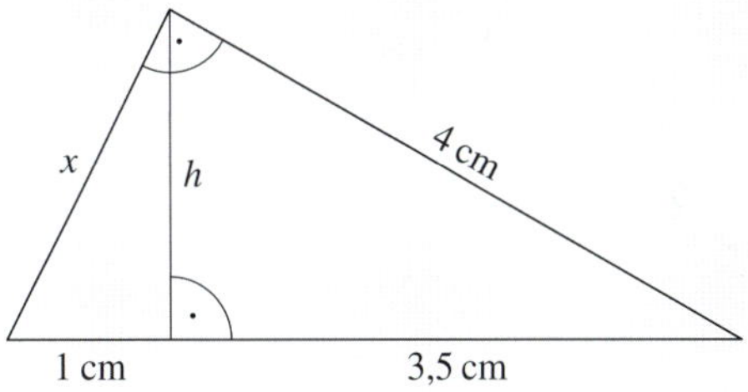

______

______

______

5 „Rasenlatscher" sind Fußgänger, die gerne Wege abkürzen, indem sie statt auf den angelegten Wegen über den Rasen laufen.
Zwei Wege verlaufen senkrecht zueinander. 10 m vor der Kreuzung verlässt ein Fußgänger einen der Wege und kommt 12 m dahinter auf dem anderen an.
Wie viele Schritte spart der „Rasenlatscher" mit einer durchschnittlichen Schrittlänge von 75 cm?
Hinweis: Fertige eine Skizze an.

______

Kapitel Zinsrechnung

1 Ergänze die passenden Bezeichnungen aus der Prozentrechnung und aus der Zinsrechnung.

	Anteil von einem Ganzen	Größe des Anteils von einem Ganzen	Größe von einem Ganzen
Prozentrechnung			
Zinsrechnung			

2 Ermittle die Ergebnisse mithilfe des Dreisatzes.

a) Wie viel Prozent sind 1,2 € von 30 €?

b) Wie viel sind 5 % p. a. von 1600 €?

c) Bei 2,5 % p. a. gibt es 156 € Zinsen. Berechne das Kapital.

3 Ergänze die Tabelle zur Zinsrechnung.

Kapital	200,00 €	200,00 €	500,00 €	1 500,00 €		
Zinssatz p. a.	3 %	6,25 %			4 %	2,9 %
Jahreszinsen			37,50 €	26,25 €	32,00 €	52,20 €

4 Gib die Zinsen für unterschiedliche Laufzeiten an.
Hinweis: Bei mehreren Jahren sind Zinseszinsen zu ermitteln.

Kapital	1 000,00 €	1 800,00 €	2 000,00 €	24 000,00 €	10 000,00 €	13 000,00 €
Zinssatz p. a.	6 %	8,25 %	2 %	2,4 %	9 %	3,9 %
Laufzeit	12 Tage	36 Tage	3 Monate	9 Monate	2 Jahre	2 Jahre
Zinsen für die Laufzeit						

5 Untersuche, welches Angebot besser ist.

Angebot A: Ihr Kapital wird im ersten Jahr mit 1,5 % p. a., im zweiten mit 2 % und im dritten mit 2,5 % verzinst.
Angebot B: Ihr Kapital wird mit Zinseszinsen drei Jahre mit 2 % p. a. verzinst.

Kapitel Prismen und Zylinder

1 Markiere in den Netzen von Prismen die Seitenflächen, die Körperhöhe sowie die Grund- und die Deckfläche.
Lege dazu Farben fest.
Hinweis: Prüfe zuerst, ob es das Netz eines Prismas ist.

☐ Seitenflächen ☐ Grund- und Deckfläche ☐ Körperhöhe

a)

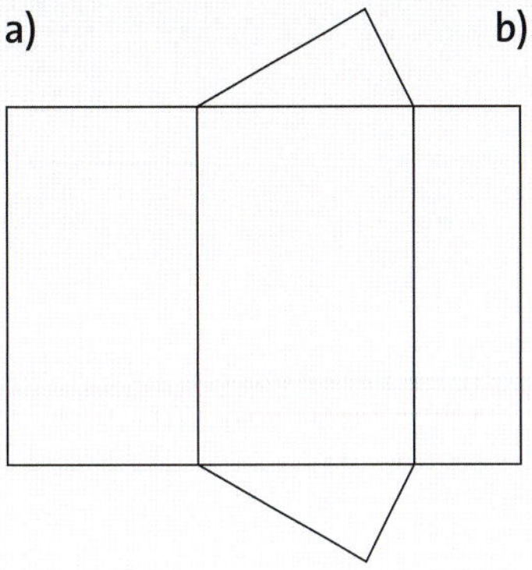

b)

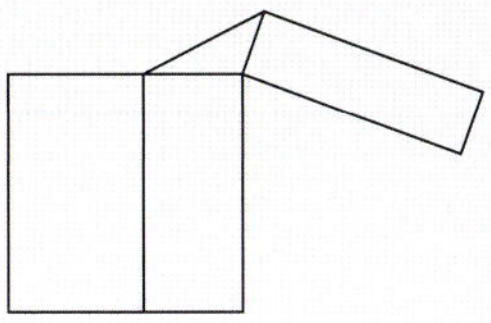

c)

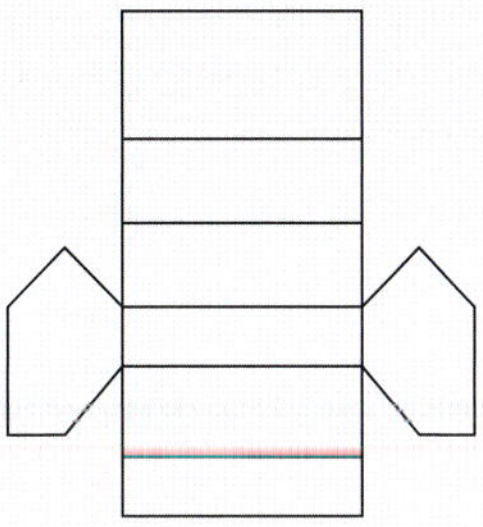

d)

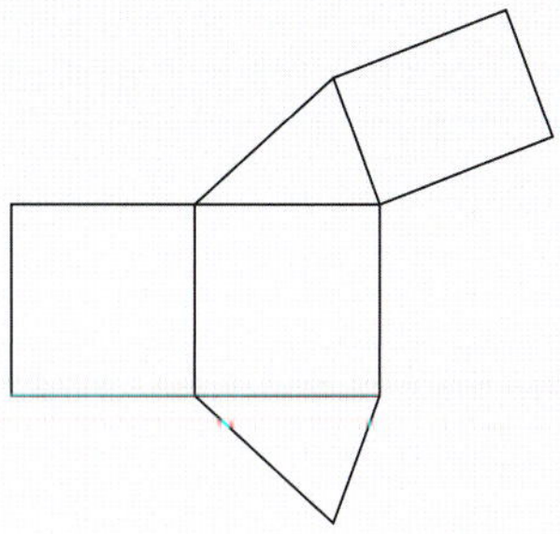

2 Ein Prisma hat als Grundfläche ein rechtwinkliges Dreieck mit 3 cm, 4 cm und 5 cm langen Seiten.
Es ist 8 cm hoch.

Berechne die Größe der Oberfläche und das Volumen des Prismas.

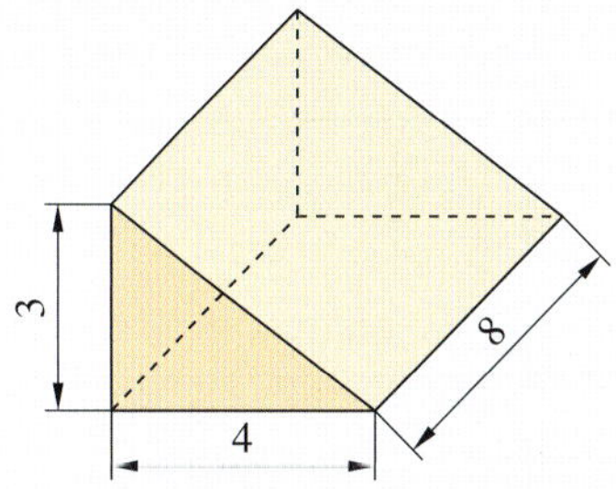

3 Den Mantel eines Zylinders bildet ein 10 cm langes und 20 cm breites Rechteck.
Hinweis: Nimm ein Blatt Papier und forme daraus eine Rolle.

a) Wie hoch kann der Zylinder sein?

b) Kreuze die möglichen Größen der Grundflächen an.

☐ $d \approx 9{,}15\,\text{cm}$ ☐ $d \approx 6{,}37\,\text{cm}$ ☐ $d \approx 3{,}18\,\text{cm}$

☐ $A_G \approx 7{,}96\,\text{cm}^2$ ☐ $A_G \approx 22{,}68\,\text{cm}^2$ ☐ $A_G \approx 31{,}83\,\text{cm}^2$

c) Berechne beide möglichen Oberflächeninhalte und Volumen.
Runde die Endergebnisse auf volle Quadrat- bzw. Kubikzentimeter.

d) Der Mantel wird halbiert, sodass ein halb so großes Rechteck vorliegt.
Die Grundfläche bleibt unverändert.
Überlege, wie sich dadurch der Oberflächeninhalt und das Volumen ändern.

Kapitel Zufall und Wahrscheinlichkeit

1 Die abgebildeten Murmeln werden in einem undurchsichtigen Beutel aufbewahrt. Gib jeweils mit einem Bruch die Wahrscheinlichkeiten folgender Ereignisse an.

a) Es wird zufällig zuerst eine blaue Murmel genommen. ______

b) Es wird zufällig zuerst eine gelbe Murmel genommen. ______

c) Es wird zufällig zuerst eine lila oder eine rote Murmel genommen. ______

d) Es wird zufällig zuerst keine lila Murmel genommen. ______

2 Gib die Wahrscheinlichkeiten in unterschiedlichen Schreibweisen an.

Bruch	$\frac{5}{5}$	$\frac{6}{8}$			
Dezimalbruch			0,5	0,25	
Prozentschreibweise					0 %

3 Betrachte das abgebildete Memory.
Je zwei Karten passen zusammen.
Gefundene Paare werden vom Spielfeld genommen.

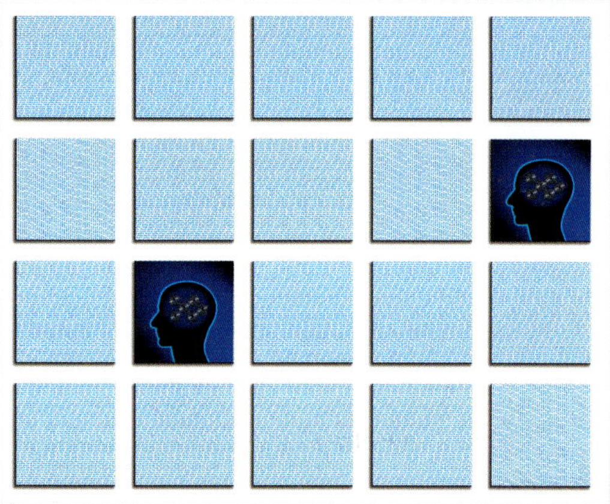

a) Gib an, mit welcher Wahrscheinlichkeit die zweite Karte zufällig zur ersten Karte passt. ______

b) Gib an, mit welcher Wahrscheinlichkeit die vierte Karte zufällig zur dritten Karte passt. ______

c) Gib an, mit welcher Wahrscheinlichkeit die vierte Karte zufällig nicht zur dritten Karte passt. ______

4 In einem undurchsichtigen Beutel werden 480 Lose aufbewahrt.

a) Die Wahrscheinlichkeit eine Niete zu ziehen, ist 0,75.
Wie viele Nieten sind im Beutel?

______

b) Die Wahrscheinlichkeit den Hauptgewinn zu ziehen, ist 1 %.
Wie viele Hauptgewinne sollten im Beutel sein?

______

5 Das Netz eines fairen Würfels ist gegeben. Markiere die Flächen so, dass folgende Wahrscheinlichkeiten gelten.

$P(„1“) = \frac{1}{2}$

$P(„2“) = \frac{1}{6}$

$P(„3“) = \frac{1}{3}$

$P(„rot“) = \frac{1}{3}$

$P(„grün“) = \frac{2}{3}$

$P(„1“ \text{ oder } „rot“) = \frac{2}{3}$

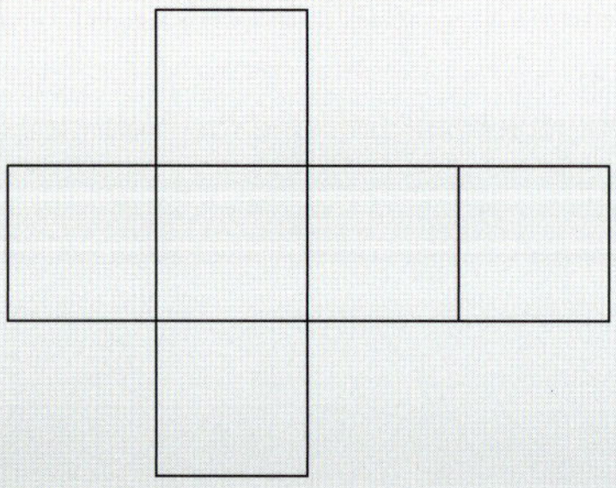

Jahrgangsstufentest

1 Zentrische Streckung mit Streckungszentrum Z

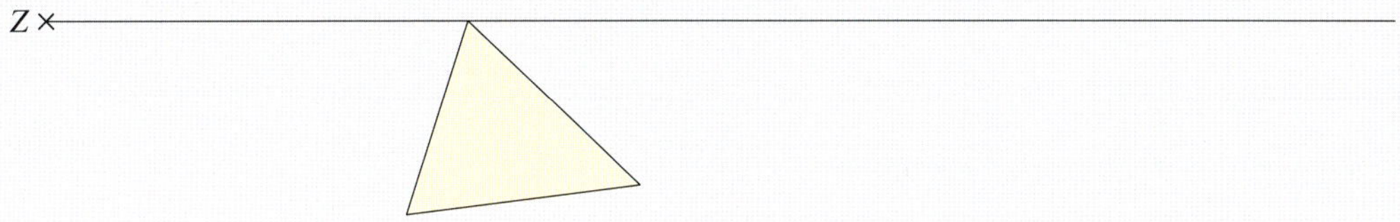

a) Zeichne mithilfe der zentrischen Streckung ein Dreieck mit doppelt so langen Seiten und ein Dreieck mit halb so langen Seiten wie beim gelben Dreieck.

b) Begründe mithilfe der Winkelgrößen, warum alle drei Dreiecke aus Teilaufgabe **a** zueinander ähnlich sind.

____

2 Maximilian sagt: „Ich habe von einer Zahl 7 subtrahiert und die Differenz mit 5 multipliziert. Das Ergebnis ist 15.“ Berechne die Zahl. Überprüfe dein Ergebnis mithilfe der Probe.

3 Bankgeschäfte

a) Frau Niklas lieh sich für sieben Monate 1 300,00 € zu einem Zinssatz von 6,2 % p. a. Berechne den Betrag, der nach sieben Monaten an die Bank zu zahlen ist.

____

____

b) Familie Jensen legte Geld an. Nach einem Jahr bekam sie 252,00 € Zinsen bei einem Zinssatz von 2,1 % p. a. Wie viel hatte sie angelegt?

____

____

c) Herr Krause erhielt nach einem Jahr 89,20 € Zinsen für 4 000,00 €. Wie viel Zinsen bekäme er nach zwei Jahren bei Verzinsung mit Zinseszins?

____

____

4 Multipliziere.

a) $7h \cdot (2 + e - 3eh) =$ ______________

b) $(4 - f) \cdot (4 + f) =$ ______________

c) $(10 - z)^2 =$ ______________

d) $(5 + 2h)^2 =$ ______________

5 Zwei Kerzen werden gleichzeitig angezündet.
Die weiße Kerze ist 9 cm hoch und brennt pro Stunde 0,9 cm herunter.
Die rote Kerze ist 7 cm hoch und brennt pro Stunde 0,5 cm herunter.

a) Ergänze die Tabellen und zeichne passende Graphen.

Brenndauer der weißen Kerze in h	0	2	4	6
Höhe der weiße Kerze in cm	9	7,2	5,4	3,6

Brenndauer der roten Kerze in h	0	2	4	6
Höhe der roten Kerze in cm	7	6	5	4

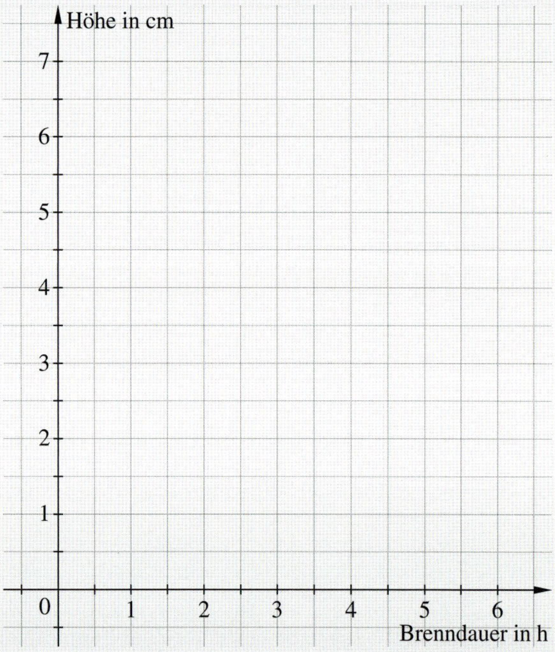

b) Stelle passende Funktionsgleichungen auf.

weiße Kerze: $y=-0{,}9x+9$ rote Kerze: $y=-0{,}5x+7$

c) Nach welcher Brenndauer sind beide Kerzen gleich hoch? Gib die gemeinsame Höhe an.

$-0{,}9x+9=-0{,}5x+7$
$-0{,}4x=-2$
$x=5$

5h – 4,5cm

6 Familie Krüger hat einen dünnwandigen zylinderförmigen Pool mit 3 m Durchmesser und einer Höhe von 80 cm.

a) Wie viele Quadratmeter beträgt die Stellfläche des Pools?

$A=\pi\cdot r^2$
$A=7{,}07\ m^2$

b) Die seitliche Wand des Pools entsteht aus einem Rechteck. Zwei gegenüberliegende Seiten berühren einander. Gib die Maße des Rechtecks an.

u = 9m h = 80 cm
a = 9m b = 0,8 m

c) Wie viel Liter Wasser sind im Pool, wenn das Wasser 70 cm hoch steht?

$V=\pi\cdot(1{,}5\ m)^2\cdot 0{,}70\ m$
$V=4{,}948\ m^3=4948\ l$

7 Trage die Buchstaben der gesuchten Begriffe in die Kästchen ein.
Wenn alles richtig ist, ergibt sich ein Lösungswort.

1. Zwei Figuren sind zueinander …, wenn einander entsprechende Winkel gleich groß sind.
2. Ein Körper mit einer gekrümmten Seitenfläche ist ein …
3. Lösungen von Gleichungssystemen mit zwei Variablen sind geordnete …
4. Der griechische Mathematiker … lebte von 570 bis 510 v. Chr.
5. Die beiden kürzeren Seiten eines rechtwinkligen Dreiecks nennt man …
6. Prozent bedeutet …
7. Den Term unter dem Wurzelzeichen nennt man …
8. *G* steht in der Prozentrechnung für den ...
9. Flächen ohne Ecken sind …
10. Lösungen von Gleichungen können durch … gefunden werden.

1. Ä H N L I C H
2. Z Y L I N D E R
3. P A A R E
4. P Y T H A G O R A S
5. K A T H E T E N
6. H U N D E R T S T E L
7. R A D I K A N T
8. G R U N D W E R T
9. K R E I S E
10. P R O B I E R E N